持続可能社会への試論

井出秀夫

龍鳳書房

まえがき

　私が小中高校時代を過ごした1960〜70年代は、高度成長にともなって公害病や環境汚染が顕在化してきた時代だった。一方、私は子どもの頃から理科が好きで、科学技術に関心を持つようになった。そこで、将来これらの環境問題に科学技術を通じて取り組んでみたいと考えるようになった。ある人の助言で、「環境問題に取り組むなら、工学部では化学工学が良いだろう。」と言われ（ただし、その人によると最も良いのは医学ということだったが）、大学では化学工学を専攻した。だが、大学時代にこう考えるようになった。「現代科学技術文明においては、1つの環境汚染が発生すると、それに対処するために1つの汚染防止技術を開発するという言わばパッチ当てのようなやり方が主流ではないか。そうではなく、環境問題を根本的に解決するには、現代科学技術文明そのものを変える必要があるのではないか。さらに、そのためには、科学技術を変えなくてはならないかもしれない。では、どう変えればよいのか。それを考えるには、まず科学とは何かを知る必要がある。そもそも、科学はなぜ西欧で誕生し発展したのか。また、そのことが科学の根幹にどのような影響を与えたのか」。

　環境問題から始まった私の探求心は、科学の成立に関する疑問へと向かっていった（ここでいう科学とは、近代西欧科学のことである）。科学の成立については、しばしば西欧の一神教（キリスト教）との関連で語られることがあり[1]、さらには西欧の一神教vs東洋（日本を含む）の多神教という対比で、行き詰まりを見せつつある前者の時代はまもなく終わり、これからは後者が世界の中で指導的役割を果たすべき、との言説も見られる[2,3]。

　しかし、科学の成立に関して一神教を取り上げるだけでは不十分である。というのは、イスラム圏におけるイスラム教や東ローマ帝国におけるギリシャ正教も一神教だからだ。しかし、これらの地域では、近代西欧科学と同様のものは結局出現しなかった。それでは、西欧のキリスト教（カトリシズム及びプロテスタンティズム）の中から近代西欧科学がどのように出現したのか。私は、いくつかの本[4,5,6]を読み、そ

れらの内容と自分の思いつきから以下のような仮説を立ててみた。

　西ローマ帝国滅亡後、東ローマ帝国が存続した東欧とは異なり、西欧では国家に変わって教会が民衆を精神的にも日常的にも支配しようとした。国家には、軍隊、警察、裁判所、通貨発行などの実質的な力があるが、教会には表向きそのような力はなかった。そこで教会は、支配の正当性を確かなものにするために、教会が最大の目的とする救済について、その根拠をキリストとの関連において徹底的に考察した。すなわち、キリストは何かという問いと、救済はいかにして可能かという問いを統一的に答えようとした。これは、キリストのモデル化による救済の必然性の理論化といえる。

　当時のキリスト教は既に三位一体、すなわち神は父と子と聖霊という1つの本質と3つの位格を持つとして、一種の神のモデル化を進めていた。このモデル化の背景には、「人間を越えた存在である神を、人間にとって認識・理解可能な言葉によって表現できる」という信念があった。この信念は、神の言葉の受肉であるキリストという概念と深く関連している。すなわち、人間を越えているがために、人間にとってそのままでは不可視な神が、キリストによって人間に可視化されるというわけである。

　西欧では、さらに御子であるキリストのモデル化を追究した。不可視な神よりも、可視化されたキリストの方が民衆に訴える力が強いからである。西欧において、教会はこのような営みをおよそ1000年間も続けた。しかも、その際にギリシャ哲学の成果を存分に活用した。

　こうして西欧ではモデル化に関する能力が発達し、強力なモデル化志向が根付いた。それとともに、諸モデル間の闘争を通じてより普遍的な体系を構築するという知的姿勢が定着した。これらの志向や姿勢が、錬金術のような神秘学起源の実験精神と結びつき、近代科学の発展に有利な土壌を形成していった。特に、諸モデル間闘争の正しい展開のために、実験・観察は（思考実験も含めて）重要な手段となった。同時に、神のモデル化における前述の信念は、「人間と同じ被造物ではあるが、質的・量的に人間を越えた存在である自然を、人間にとって認識・理解可能な言葉や数式によって表現できる」という信念の母

体となった。

　上記のような仮説もどきを立ててみたものの、これを検証するにはどうしたらよいのか、私は早くも途方に暮れてしまった。キリスト教と科学史に関する私の知識は皆無に等しく、どちらか一方を習得するだけでも膨大な時間を要するだろう。また、イスラム圏や中華圏など他の文明圏ではモデル化に類することはなかったのか、について確認も必要だが、そうなるとますます私の能力を超える。そもそも、何をどのように証明すれば、上記の仮説を実証したことになるのかが分からなかった。

　そこで、科学の本質や起源に関する意識は維持しつつも、もう少し現実に即した問題に取り組む方が手応えを感じられるのではないか、と思うようになった。そのために選んだテーマが「持続可能社会」である。今日人類が直面する資源、環境、エネルギー、食糧等の諸問題も、持続可能社会の実現と深く関連していると考えた。これらの問題を解決する持続可能な方法を確立しなければ、人間社会の存続は今後ますます困難になるだろう。私は、持続可能社会に関する調査を開始した。

　調査を進めるうちに、この問題に取り組む団体として、次の2つが私の目に留まった。1つはエントロピー学会、もう1つはサステイナビリティ学連携研究機構、略してIR3Sである。前者は大学の研究者も多く集まるが、反原発など現状に対する批判精神を打ち出し「在野」性の強い団体のようである。自らも「普通の学会ではなく、市民と学者とがいっしょにやるという理念」を掲げていると言っている[7]。後者は、東大を中心にいくつかの旧帝大、早大、千葉大等の大学と国立環境研究所からなる組織であり、「エスタブリッシュメント」性あるいは「アカデミズム」性を感じさせる。両団体をとりあえず選んだのは、「在野」と「アカデミズム」の両極を通して、持続可能社会を複眼的に考察できるのではないかと思ったからである。調査と並行して、私は、次の観点から両団体の関係者が書いた著作について、自分のコメント、疑問、アイディア等を書いてみた。

1．各団体の概要

各団体設立のいきさつや主要メンバーについて
２．持続可能社会の基盤論
　　　著者らが依って立つ科学的基盤は何か
３．持続可能社会の方法論
　　　持続可能社会をどのように構想・イメージしているか、そして、そこへ至る道筋・プロセスや実現の手段をどう考えているか、あるいはその道筋においてどんなことに取り組むべきと提言しているか

　今回、上記の観点毎に章を設け、これまでに読んだ著作に関して、私の関心を強く引いた箇所を紹介し、それに対する私のコメント、疑問、アイディア等をまとめてみた。持続可能社会に関心を持つ読者の皆さんにわずかでも参考になれば幸いである。

引用文献
1）岸田秀・三浦雅士『一神教 vs 多神教』p.114〜139　新書館　2002年
2）梅原猛『梅原猛の授業 仏教』p.34〜59 p.274〜289　朝日新聞出版　2006年
3）安田喜憲『一神教の闇－アニミズムの復権』p.209〜212 p.233〜238　筑摩書房　2006年
4）戸田山和久『科学哲学の冒険 サイエンスの目的と方法をさぐる』特に p.227〜233　日本放送出版協会　2005年
5）バーガー『現代人はキリスト教を信じられるか』教文館　特に p.211〜212　2009年
6）マクグラス『キリスト教神学入門』教文館　特に p.49〜53 p.472〜518　2002年
7）エントロピー学会編『「循環型社会」を問う　生命・技術・経済』p.28下段　藤原書店　2001年

目　次

まえがき
第 1 部　エントロピー学会 ……………………………………… 9
第 1 章　エントロピー学会の概要・10
　1.1　室田武『天動説の経済学』1988 年・10
第 2 章　エントロピー論者の基盤論・15
　2.1　槌田敦『石油と原子力に未来はあるか』1978 年・15
　2.2　槌田敦『資源物理学』1982 年・18
　2.3　槌田敦『エントロピーとエコロジー──「生命」と「生き方」を問う科学─』1986 年・22
　2.4　槌田敦『熱学外論 - 生命・環境を含む開放系の熱理論』1992 年・26
　補足（高炉のモデル化）・60
第 3 章　エントロピー論者の方法論・68
　3.1　槌田敦『石油と原子力に未来はあるか』1978 年・68
　3.2　槌田敦『エントロピーとエコロジー──「生命」と「生き方」を問う科学─』1986 年・80
　3.3　室田武『エネルギーとエントロピーの経済学』1979 年・84
　3.4　室田武『天動説の経済学』1988 年・97
　3.5　室田武『水土の経済学 - エコロジカル・ライフの思想』1991 年・98
　3.6　室田武『原発の経済学』1993 年・99
　3.7　河宮信郎編著『成長停滞から定常経済へ──持続可能性を失った成長主義を越えて─』2010 年・104

第 2 部　サステイナビリティ学連携研究機構（IR3S） ……… 115
第 1 章　IR3S の概要・116
第 2 章　IR3S 関係者の基盤論・122
　2.1　基盤論への導入・122
　2.2　吉川弘之の『ループ論』・128

2.3　梶川裕也・小宮山宏の「知識と行動の構造化」・151
第 3 章　IR3S 関係者の方法論・177
　3.1　『サステイナビリティ学①〜⑤』の方法論について・177
　　3.1.1　イノベーション、対象の複雑さ・177
　　3.1.2　将来への経路としてのシナリオ・182
　　3.1.3　低炭素社会ビジョンと実現の手段・184
　　3.1.4　拡大生産者責任・191
　　3.1.5　里地里山とコモンズ・193
　3.2　IR3S と原子力・194
あとがき

第 1 部　エントロピー学会

第 1 章　エントロピー学会の概要

　エントロピー学会設立のいきさつなどについては、室田武著、『天動説の経済学』の「付章　エントロピー学会とその周辺」に、コンパクトにまとめられている。ここでは、その中で私が注目する箇所をいくつかあげることにする。

　なお、引用文献からある箇所を、要約せず省略はあるが直接的に紹介する際は、その箇所の最初と最後に★印をつけて、私の文章と区別しやすいようにした。ただし、その箇所が比較的短い文章では、「」を用いた場合もある。また、私（井出）の文章の中で自分を呼ぶ場合、筆者と表記した。

1.1　室田武『天動説の経済学』1988 年

★まず、学会設立に先行して 1977 年以来ほぼ年 1 回のペースで、理化学研究所（埼玉県和光市）の主催で、「物理研究所にとってのエネルギー問題」というシンポジウムが開かれていた。その口火を切ったのは同研究所の物理学者、槌田敦であった。★[1)]

★物理学でいうエントロピーの増大は、生態系の活動や人間生活のなかでは廃熱・廃物の増大という形をとるが、それならなぜ石油文明以前の地球は、数十億年もの長い歴史のなかで、廃熱地獄ないし巨大な汚物の塊になってしまわなかったのであろうか。★[2)]

★しかし槌田は、（略）1975 年から 76 年にかけての諸論考のなかで、エントロピー論そのものを用いて右記の疑問に答えた。〔筆者注：原著は縦書きなので「右記」となっているが、本書は横書きなので「上記」ということになる。〕

　すなわち、彼は、地球がその地表で増大する熱エントロピーを大気圏内の水循環と対流を通じて圏外に捨てることのできる開放定常系であることを示し、あわせて、有機廃物の分解者として生態系の基底をなす表土の重要性を強調した。きわめて多数の微生物の集合体である表土は、有機廃物を無機物と廃熱に分解する。そして、無機物は植物が再摂取し、廃熱は最終的には前述の水循環のなかに入り込んで処分

される。水力や薪が更新される秘密は、こうした水と土の存在のうちにあったのである。★[3]

　以上のように、エントロピー学会設立に際して、まず言及される人物が槌田敦である。彼は、エントロピー学会でも重要な役割を果たしたが、後に脱会することになる[4]。最近のエントロピー学会のシンポジウムには、再び登場し報告を行っている[5]。ただ、彼がエントロピー学会に再入会したのかどうか、筆者には分からない。学会ＨＰで世話人名簿の中に彼の名前は載っていないようである。
　次に言及されるのは、玉野井芳郎である。

★しかしながら、現代社会が石油をはじめとする莫大な量の地下資源を乱費するに至って、地球の開放定常性は突き崩されつつある。つまり、地球の処理能力を上回るエントロピーが発生するようになったのである。そして、人間を含む動植物の生命活動は、未曽有の危機にさらされている。こうした状況に対して、経済学はあまり有効な議論をなしえていない。地域主義の主唱者の一人である経済学者、玉野井芳郎（1918～85）は、生命系への考慮をほとんどもち合わせていない既存の経済学への在り方への反省と批判の立場を明らかにしつつあった。
　このように槌田や玉野井が切り拓きつつあった新しい世界観や経済観をいっそう深めていくために、全国各地の物理学者や経済学者が中心となり、その他の分野の研究者も含むものとして、前述の理研シンポジウムが続けられてきたわけである。★[6]

　室田は、「地球の処理能力を上回るエントロピーが発生するようになった」といっているが、ここで熱力学に基礎をおくエントロピーを用いて定量的に示しているわけではない。さて、理研シンポジウムの概要と参加者および専門分野の紹介が次に続く。

★このシンポジウムについてやや詳しく述べておくと、第一回目は、豊田利幸（物理学）と槌田が協同で企画し（略）1977年に理研で開かれた。押田勇雄（物理学）、高橋秀俊（情報科学）、寺本秀（物理学）らがこ

れに参加し、討論が行われた。

　第二回は1979年（略）開催され、増田正美、茅陽一（工学）、小野周（物理学）、河宮信郎（工学）、玉野井芳郎、湯本裕和（未来工学）、そして豊田および槌田がそれぞれ話題を提供し（略）

　理研シンポジウム第三回目は、1980年に（略）開催され、河宮信郎、桜井醇児（物理学）、槌屋治紀（工学）、橋爪健郎（物理学）のほか、豊田、槌田、それに室田が話題を提供して（略）参加者の中には橋口渉子（統計学）や（略）宇田川武俊（農業技術）らの顔も見られ（略）★7)

　理研シンポジウムは、結局4回開催された。第四回シンポジウムは1982年11月8日に開催され、このシンポにおいて以下のような経緯で「エントロピー学会」設立が提案された。

★（略）第四回シンポジウムは、60名を超える熱心な参加者を得た盛会となった。第一論題「非平衡熱学と資源物理学」（ママ）においては、槌田、澤田康次（通信工学）、北原和夫（物理学）および河宮が（略）報告を行ない、第二論題「迂回生産における物理学と経済学」では、河宮、平井孝治（原価計算論）および室田が（略）報告、さらに第三論題「生産過程におけるエネルギー問題」では、宇田川および吉田瑞樹（林産学）が（報告）を行なったのである。

　最終の総合討論において、福井正雄〔筆者注：福井の専門は物理学〕が、「エントロピー学会」または「エントロピー経済学会」のような場をつくって、分野を異にする全国の研究者の間でのより緊密な情報交換や討論ができるようにしたほうがよいのではないか、という提案を行なった。★8)

　この福井提案の後、学会設立までの流れは次のようである。

★（略）1983年の夏（略）オーストラリアの若手の学者、テリー・ラスティグが（略）来日した。そこで、8月9日に（略）同氏を囲む「エントロピー・シンポジウム」が開かれた。（略）シンポ後の懇親会において（略）「エントロピー学会」を設立する方向が確認された。

こうして設立発起人をたがいに呼びかけたところ、物理学、経済学の分野はもちろんのこと、社会学、哲学、科学史などさまざまな分野の研究者が、学会設立に向けて積極的に動き出すことになった。(略) 9月24日(略)発起人会を開き、設立の趣意や運営の仕方について討論を行なった。この会合において最終的に採択されたのが、以下の設立趣意書である。

[設立趣意書]
　物理学におけるエントロピーを用いて、生命および生命を含む系を論ずることに重要性が受け入れられてきている。これに関連して、すでに多くの論文が公にされ、シンポジウムも重ねられ、日本でのこの方面の研究水準は急速に高まりつつある。
　しかしながら、一方、エントロピーということばは、エネルギーということばと同様に近年とみに混乱をきたし、科学技術や社会の諸現象を安易に説明する道具としても用いられるようになってきている。
　それゆえ、自然科学および社会科学におけるエントロピー概念をめぐって、分野を越えた議論を重ね、理解を深める必要が生じてきたと思われ、そのための討論の場として、「エントロピー学会」を創設する。
　この学会における自由な議論を通じて、力学的または機械論的思考に片寄りがちな既成の学問に対し、生命系を重視する熱学的思考の新風を吹き込むことに貢献できれば幸いである。

　その会合では、エントロピー学会として最初のシンポジウムを11月23日に開催することが決まった。(略)
　第一回シンポジウムは、発起人の一人、鶴見和子(社会学)の尽力により(略)予定通り開催された。★[9]

　以上が、エントロピー学会設立の大まかな経緯である。ここまで読んで筆者が気になった点は、登場した関係者の中に化学者がほとんどいないということである。筆者自身が化学系の出身なので、この点はどうも引っ掛かった。熱力学では、エントロピーと並んで重要な概念として、自由エネルギーがある。化学者は自由エネルギーを用いて、

化学反応の解析や予測を行なう。「生命および生命を含む系」において、化学反応を論じる際に、果してエントロピーだけで議論が完結するのだろうか早くも疑問に思う。この点も、次章で詳しく見ていきたい。

なお、エントロピー学会関係者の中でも、槌田敦および彼の「定常開放系論」に賛成する人達を以下では特にエントロピー論者と呼ぶことにする。

第1部の次章以降では、著作ごとに節を設けて論じる。

引用文献
1）室田武『天動説の経済学』p.236 ダイヤモンド社 1988年
2）同上 p.237
3）同上 p.237〜238
4）槌田敦『CO_2温暖化説は間違っている』p.137 ほたる出版 2006年
5）槌田敦「開放系エントロピー論・35年－資源物理学からエントロピー経済学へ」『えんとろぴい』No.72 p.37〜40 2012年
6）室田武『天動説の経済学』p.238 ダイヤモンド社 1988年
7）同上 p.238〜239
8）同上 p.240
9）同上 p.241〜243

第2章　エントロピー論者の基盤論

2.1　槌田敦『石油と原子力に未来はあるか』1978年

　エントロピー論者が依って立つ重要な原理の1つが、エントロピーに基づく定常開放系論である。これは、地球が定常開放状態を維持するために、いかにしてエントロピーを系外に排出し生命活動を可能にしているかを説明するものである。この説の主要な提唱者の一人が槌田敦である。筆者が大学生の頃、彼は『石油と原子力に未来はあるか』という本を出版した。当時筆者は、将来のエネルギー源として核融合に期待していた。だが、槌田はこの本の中で核融合に潜む重大な問題点を指摘し、筆者はその主張に強い感銘を受けた。今でも、説得力があると感じている。一方、この本には彼の定常開放系論も収められている。その箇所を以下に示し、筆者のコメントを述べる。

　なお、引用文献中の図表や式の番号は、その文献中のものをそのまま踏襲する。筆者の文章中の図表や式の番号は通し番号とする。

★地表の活動で生じたエントロピーを水が受け取り、水は水蒸気になる。この水蒸気は上昇気流に乗って大気上空へ運ばれる。このとき、気圧が下がるので断熱膨張によって温度が下がる。およそ絶対温度250度になったところで、水蒸気の分子振動は赤外線を宇宙へ放射する。これがエントロピーを捨てる機構である。低い温度で熱を放出することは意味がある。それは同じ熱量で余計にエントロピーを始末できるからである（『日本物理学学会誌』31巻　1976年　p.938）。

　エントロピーを捨てた水蒸気は氷粒になり雨や雪となって地上に落下し、再び地上でエントロピーを吸収して水蒸気になるサイクルをくり返している。つまり、この水サイクルは地球の掃除人といっていいであろう。

　このことから、この地球を汚さないためには、この水サイクルにエントロピーをうまく乗せることができるかどうかで決まることになる。

　核燃料の使用は、この水サイクルにまったくなじまない。放射能のエントロピーを、水蒸気のエントロピーに転化することができないから

である。つまり、核燃料の燃焼は、放射能というエントロピーを地上に発生させるが、これはいずれは拡散し、地球を汚す一方である。★[1]

　この文章を初めて読んだとき、筆者は「なるほど、そういうことか」と思った。しかし、今読み返してみると、次々と疑問が浮かんでくる。まずは、このエントロピー排出機構である。槌田は、絶対温度250度すなわち$-23°C$で大気中の水蒸気が赤外線の形で熱を宇宙へ放出し、水蒸気は冷却されて氷粒になると言っている。この氷粒が集まって雲となり、雨や雪を降らせるということなのだろう。だが、水蒸気が$-23°C$まで冷却されて初めて氷粒となり赤外線を放出し、それ以上の温度では水蒸気のままで赤外線を出さないのか。それは信じがたい。筆者は、水蒸気にそのような性質があるなどということを今まで聞いたことがない。それに、$-23°C$という温度は高度にすると約6000m上空[2]だが、雲はその高さでしか形成されないのだろうか。そんなことはない。ある気象の本によれば、各種の雲とその形成される高度は以下のようになっている[3]（なお、以下の表1は筆者がまとめた）。

表1　各種の雲の名称と形成される高度

名称	形成される高度（m）	名称	形成される高度（m）
巻雲	5000以上	高層雲	3000～7000
巻積雲	5000以上	層積雲	500～2000
巻層雲	5000以上	層雲	～2000
高積雲	3000～7000	積雲	地表付近～6000
乱層雲	地表付近,3000～7000	積乱雲	地表付近～10000

　この表をみる限り、雲が形成される高度は約6000mに決して限定されるものではない。この本には、大気の上昇による水分の挙動と雲の形成についても記述されている[4]。それによると、地表近くにある水蒸気を含んだ空気が断熱膨張によって温度が低下する。一定の温度以下になると、水蒸気は水滴になる。この水滴が雲の粒である。さらに上昇し、$0°C$以下になると水滴が氷粒にかわる。すなわち、槌田が主張するように、$-23°C$で突然水蒸気が氷粒になるというわけではない。

　赤外線による熱の放出は、熱移動の形態の中では、放射に相当する（その他の形態には、熱伝導と熱伝達がある）。放射とは、電磁波による熱移動

である。電磁波ということは光と同じ波であり、さえぎる物がなければ、四方八方に広がっていく。したがって、低温部から高温部への放射も起こっているのだ。それを上回る熱量が高温部から低温部へ移動するので、放射においても、他の熱移動と同様に、正味の熱は高温部から低温部へ移動する。槌田の説明では、水蒸気が氷粒になるときの赤外線がより温度の低い宇宙へ熱を運ぶとされている。だが、より温度の高い地表へ運ぶ熱量については語られていない。なぜこの熱量に言及しないのか。この熱量は地球温暖化を考える際に重要である。さらに、放射能のエントロピーと水蒸気のエントロピーも理解困難である。わざわざ、エントロピーという言葉を持ち出さないといけないのだろうか。放射能が水サイクルでは浄化できないことは原理的に明らかではないか（放射能とは放射線を出す能力であり、放射線は原子の中の原子核から出てくる。一方、水サイクルが関与するのは化学反応すなわち原子や分子の組み換えである）。

　そもそも放射能のエントロピーとは何なのか。槌田は、上述の箇所の前でエントロピーについて次のように述べている。

★エントロピーは、物体やエネルギーに付属する物理量である。物理学の教科書には「乱雑さの目安」などと書いてある。しかし、これでは何のことだかわからない。（略）エントロピーをもっともわかり易く表現すれば「汚れ」である。物体やエネルギーの「汚れの程度」を示すのがエントロピーである。エントロピー増大の法則、つまり熱力学第2法則は汚れ増大の法則といってもよい。★[5]

　槌田がエントロピーを「汚れ」と考えているならば、「放射能のエントロピー」ではなく「放射能という汚れ」という言い方をすべきではないか。その上で、なぜ放射能が水蒸気で浄化できないかを科学的に説明すればよい。ある系が温度 T_e の外界と接触しているとき、系のエントロピーは、熱力学的には次のように定義される[6]。

$$dS \equiv d'q_{rev}/T_e$$

ここで、$d'q_{rev}$ は系が外界から可逆的に吸収する微小の熱量をあらわす。槌田が「放射能のエントロピー」というとき、この定義式とどう関連するのか説明がなされていない。

2.2 槌田敦『資源物理学』1982年

槌田は、次にこの本の中でエントロピー排出機構について述べている。その箇所を以下に示す。

★気団が上昇すると、その気団の受ける圧力は次第に減少するが、それに伴って断熱的に膨張する。この結果、気団の温度は下がる。温度降下の大きさは、空気が湿っているか乾いているかで違うが、だいたい100m上昇につき、0.6~1.0℃の温度降下である。このようにして大気上空に5km程度でマイナス23℃程度となる。この温度で大気中の水蒸気が分子振動し、その結果、遠赤外線の形で熱を宇宙に放射処分することになる。

熱を失った水蒸気は、氷結し雲になる。これは、やがて、雨または雲として地表に戻ってくる。冷たい空気もまた降下してくる。そして再び地表の熱を奪って、大気上空へ帰っていく。これが、水循環と対流とよばれるものである。

つまり、この水循環と対流は、15℃（288°K）の地表から熱Qを得て、マイナス23℃（250°K）の大気上空で宇宙へ熱Qを捨てて循環する熱機関である。★[7]

ここでも、2.1節と同様の機構が述べられている。すなわち、大気上空の−23℃において水蒸気が分子振動により遠赤外線の形で熱を宇宙へ放出し、熱を失った水蒸気は結氷し雲になる、ということである。一方、この本には『石油と原子力に未来はあるか』にはなかった地球の平均熱収支が掲載されている。それを次頁図26に示す。

このデータは、槌田によれば、片山という人の日本気象協会報告書により作成、ということになっている。このデータが掲載されている章の参考文献の欄には、この文献の情報は何もなかった。他人の文献を引用するのに、これでは困ったものである。筆者は、この文献を探したが、結局見つからなかった。国会図書館の蔵書検索ですら見つけることができなかった。あれこれ探す過程で分かったことは、片山がどうやら片山昭という人物だということ[9]である。片山昭の原デー

タは何か、それを槌田はどのように利用して下記の表を作成したのか、不明である。

★

	入　力	出　力
宇宙	日射　反射 100 － 30 ＝ 70	熱放射　　　　　　　熱放射 64　　　　＋　　　　6　＝ 70
大気	23 (2℃)	(－23℃) 水循環　107 対流
地表	47　＋　96 ＝ 143 日光の　　温室効果 吸収	24　＋　6　＋　113 ＝ 143 (15℃) 蒸発　空気へ　　熱放射 の伝導

図26　地球の平均熱収支（0.49cal/cm²/min を100 とした場合）
片山：日本気象協会報告書（1975）により作成。カッコ内の数値は熱放射の温度。

　仮にカッコ内の温度は槌田がシュテファン - ボルツマンの法則（Q＝σT⁴）を単純に当てはめて計算したものであり、それ以外の数値は片山のものか、あるいは片山の原データを槌田が基準化(0.49cal/cm²/min → 100) したものだとしよう。その上で、上記の表を見たとき、筆者がまず疑問に思うことは、表の左半分すなわち入力において、温室効果分の96は大気の2℃から放射されたことになっているが、一体そこでどういう自然現象が起こっているからそうなったのか、である。なぜ2℃という特定の温度で、しかも下向きだけなのか、槌田は何も説明していない。次に、表の右半分すなわち出力において、槌田は以下のように解釈しているが、この解釈にも疑問がある。

★この直射日光と温室効果の合計143の熱を放熱の形で処分するとすると、ステファン - ボルツマンの法則から、その温度は31℃ということになる。これでは地表のほとんど全部は熱帯ということになるだけでなく、地表は熱平衡になって、何の変化もないことになる。

この熱平衡を破り、地表にいろいろな変化をもたらしているのが、水の蒸発 24 と空気への伝導 6 の合計 30 である。放熱で処分する地表の熱は残りの 113 となる。この温度は 15℃ に相当する。★ [10]

　槌田は、ここで「直射日光と温室効果の合計 143 の熱を放熱の形で処分する」という仮定のもとに、放熱（むしろ放射というべきだろう）だけでは地表の温度が 31℃ になるといっている。だが、このような仮定に果してどんな物理的意味があるのだろうか。というのは、水と空気があることで引き起こされる諸々の自然現象の総合的結果として、143 という数値が出てきたからだ。その自然現象とは、単に水の蒸発等による地表からの熱の流出だけではない。温室効果による地表への熱の流入もある。温室効果ガスとしていろいろなガスがあり、今は CO_2 が注目されているが、実際に温暖化の寄与率が最も高いのは水蒸気である [11]（他にはオゾン、メタン、亜酸化窒素などがある [12]）。水の存在が熱の流出と流入の両方に関与している。

　もし、宇宙への放射だけならどうなるのかを議論するなら、放射だけが起こる条件、すなわち水と空気がない条件で検討すべきだろう。実は、その場合、温度は −19℃ となり [13]、熱帯どころかむしろ寒冷地である。水が存在することで、蒸発による熱の流出と同時に水蒸気（と他のガス）の温室効果による熱の流入も起こり、14℃ [14] という生物にとって過ごしやすい温度が実現されているのだ。この温度で H_2O は水という液体の状態を保つことができる。水の中で、生命維持に必要な生体内の多種多様な化学反応が可能となる。地球上で生物が生きていけるのは、地球が熱エントロピーを捨てているというよりも、むしろ熱をほどよく捨てている、あるいは捨てすぎていないことによるのではないか。

　さて、上記の議論は、地球が持つ熱エントロピー処分機構に関するものであった。しかし、定常開放系論のキーポイントはこれだけではない。これと関連して、槌田は生物循環における物エントロピー処分機構の重要性を強調する。その箇所を以下に示す。

★地表における最大の物エントロピーの発生者は、動植物である。動物の排泄物および動植物の遺体は、毎年、地表を覆いつくしてしまう。しかし、小動物、小植物、そして微生物は、適度の水分を用いてこれらの排泄物や遺体の分解者として互いに協力しながら最終的には簡単な無機物に変えている。

この時、物エントロピーは熱エントロピーに変わったのである。そのことは、堆肥発酵中に発熱していることによって、簡単に理解されるであろう。そして、その熱エントロピーは、水の蒸発で水蒸気になり、水循環へ流されているのである。つまり、動物、植物、小動物、小植物、微生物全体としての生物の系は、全体として定常系になっており、地球という定常系の内部にうまくおさまっているのである。このことが、生物35億年の長い歴史の間つづけられてきた理由である。（略）一番外側に、太陽光の入射と大気上空での低温放射という流れがあり、その中に水循環が存在し、そしてその中に生物循環があるというように、何重にも循環する流れの中に、それぞれの生物は存在している。その循環を貫いてエントロピーの流れがある。★ [15]

槌田は「物エントロピーは熱エントロピーに変わった」と言っている。だが、それはあくまで物エントロピーを熱エントロピーに変える機構が存在する場合に限られる話だろう。そのような機構が、いつの時代どんな生物にとっても存在していたのだろうか。そもそも、本当に「生物35億年の長い歴史の間」「生物の系は、全体として定常系になって」いたのだろうか。筆者には、そうは思えない。太古の地球の海で酸素発生型光合成を行うシアノバクテリアが出現し、長年かけて大気中の酸素濃度が上昇した。その結果、酸素を利用する生物が大いに繁栄した。一方、酸素を必要としない生物すなわち嫌気性生物は酸素が届かない深海底や地面の中に追いやられた [16]。嫌気性生物にとって、酸素という「物エントロピー」を熱エントロピーに変えて定常系を維持する機構はなかったのである。

また、地球環境の劇的変化により、多くの生物種が滅びてしまう大量絶滅も起こった [17]。過去5億4200万年間において、大量絶滅は計5回認識されている。この中で3回目が最大であり、海洋生物種の

90%、陸上生物の70%以上が姿を消したと見積もられている。この時期、激しい火山活動により火山灰やエアロゾルが放出されて太陽光が遮断され植物の光合成が停止したり、あるいは火山ガス中の大量の二酸化炭素による温暖化で海底のメタンハイドレードが分解して海洋無酸素イベントが生じたりなどで、大量絶滅が引き起こされたと考えられている。この場合も、火山灰や火山ガスという「物エントロピー」を熱エントロピーに変えることはできなかったということになる。それでも全ての生物が絶滅したのではなく、生き延びた生物もいたのである。

　さらには、地球が全球凍結すなわち地球表面が赤道域まで完全に氷で覆われていた時代があったらしいことが、最近明らかになった[18]。この原因としては、地表の風化反応により二酸化炭素が消費され濃度が低下したこと、また同時に存在した温室効果ガスであるメタンがシアノバクテリアの排出した酸素で酸化されたことにより、温室効果が突如消失したことが考えられている。この場合も、定常性の維持は機能しなかったことになる。だが、それでも生物は生き延び、全球凍結直後に、生物の大進化が生じたようである。

　エントロピーという概念を持ち出して人間界を含めた地球上の諸現象を統一的・普遍的に論じようにも、当てはまらない場合は多々あるのではないか。地球の歴史はもっとずっとダイナミックに変化してきたと思う。槌田がエントロピーで統一的な議論を試みたものの、実際にはそうなっていないのではないか、という疑問を筆者は持たざるをえない。このような疑問は、すでに筆者のずっと前にも、高橋正立によって提示されている[19]。

2.3　槌田敦『エントロピーとエコロジー――「生命」と「生き方」を問う科学』1986年

　槌田の本の中で、さらに定常開放系論を追ってみる。今度は『エントロピーとエコロジー』を取り上げる。この中で、定常開放系は次のように記述されている。

★（略）空気は、熱すると膨張し軽くなるという性質がある。その結果、

空気の対流、つまり大気循環が発生する。空気は地表から熱を奪って、上昇し、上空で宇宙へ向けて放熱し、今度は冷たくなって重くなるから地表へ逆戻りする。そしてまた地表の熱を奪い上昇するという、循環が発生する。(略) 水は熱を吸収して蒸発する。水蒸気は分子量が小さく、空気より軽いから、水蒸気を含む空気は上昇気流になる。気温は、空気の断熱膨張で、100m 昇るごとに 0.6〜1.0℃下がり、大気上空で露点または氷点に達して結露、結氷し、雲になる。この雲が発達すると、雨または雪となって再び地表の水に戻る。これが水循環である (略)。

水蒸気が結露、結氷するとき発熱し、周りの空気を温めるから大気循環の上昇気流はますます強められ、下層の湿度の高い空気を引っ張り上げるので、雨や雪はますます強く降るようになる。(略) この地球熱機関 (大気循環と水循環) が処分する熱量は年間 77kcal/cm^2 (Q) であるから、地表温度 288°K、大気上空温度 255°K として、余分に処分するエントロピーは、年間、

(Q/255) − (Q/288) =43cal/kelvin・cm^2
ということになる。

この余分に捨てたエントロピーは、地球上の諸活動の結果生じたものである。たとえば、水循環の結果、水は地表から雲のなかまでもち上げられ、そこから落下する。このとき、空気との摩擦などで発熱し、エントロピーを発生する。(略) そのほか、風、海流の摩擦、動植物の生命活動などで発生する地球上のエントロピーの一切合切が、この 43cal/kelvin・cm^2 のなかに収まっているのである。★[20]

ここでの定常開放系に関する記述は、以前のものとは異なっている。以前は、−23℃の上空で水蒸気が結氷するとき赤外線を宇宙へ放射するという説明だった。ここでは、水蒸気を含んだ空気が上昇する間に、水蒸気は結露、結氷し、その時の熱を受けた空気はさらに上昇して 255K すなわち −18℃で宇宙へ放射するというのである。

だが、このように変更しても、筆者の疑問は一向に解消されない。水蒸気自身ではなく、水蒸気が結露、結氷した後の空気が低温で赤外線を放射するというのなら、空気は温室効果ガスなのか。もし空気自

身、すなわち窒素＋酸素が温室効果ガスならば、この地球はとても人間が住めるような環境にはならないはずである。それとも、「水蒸気が結露、結氷した後」空気中にわずかに残る水蒸気が放射を支配するというのだろうか。また、「水蒸気が結露、結氷するとき発熱し、周りの空気を温める」と言っているが、では結露、結氷で水や氷が生じる際に、低温の水や氷と高温の空気に自発的に分離するというのか。それも熱力学的にはあり得ないように思える。均一相が断熱膨張で冷却されると、温度の異なる2つの相へと自然に分離するなどということは聞いたことがない。それこそエントロピー増大の法則に反するのではないか。槌田自身も、この本の別の個所で次のように述べている。

★（略）高温と低温に分離している場合のエントロピーのほうが小さく、一様な温度になっているほうかエントロピーは大きい（略）★[21]

余分に処分されるエントロピーを地表と大気上空の差としているのも疑問である。なぜ、地球に降り注ぐ太陽光と大気上空との差としないのか。これでは、蒸気機関に例えれば、ボイラーは無視してタービンと復水器だけで蒸気機関のエントロピーを考察するようなものだろう。太陽光が地表を温め、その地表が大気を温めることにより、諸々の気象現象が起こっているのである[22]。槌田は大気循環と水循環だけからエントロピーを計算しているが、これらの循環が起こるのも太陽光が地表を温めているからこそではないか。さらに、やや原理的なことになるが、そもそも余分に捨てたエントロピーを本当に上式のような引き算としてよいのか、筆者はすんなりと理解できない。改めて、エントロピーSの定義式を以下に示す。

$$dS \equiv d'q_{rev}/Te \cdots\cdots (1)$$

dSはSの微小変化、$d'q_{rev}$は系が外界から可逆的に吸収する微小の熱量をあらわす。可逆的ということは、準静的すなわち絶えず平衡状態を保ちながら無限にゆっくり変化する、ということである[23]。一方、有限な温度差がある部分の間の熱伝導、有限な圧力差の下における膨張や拡散は不可逆過程である[24]。地球における熱移動はたとえ定常であったとしても、平衡ではない。上述した長い歴史における地球環境

の劇的変化を考えると、定常と言い切れるのかどうかも筆者にはよく分からない。(1)式で微小をあらわすdがついているのは、意味があるのだと思う。槌田はその意味を正しく理解しているのだろうか。ここで、この本の中で槌田のエントロピーに関する記述を見ることにする。

p.19
★エントロピー増大の法則は、この世界での物事の変化が、すべて不可逆であることを示している。物理のエントロピーは、その不可逆変化の指標であって、常に増大するばかりである。
　原子・分子の世界は別にして、この世界の現象はすべて、次にあげる三つの現象（物の拡散・熱の拡散・発熱現象）の組み合わせであり、その三つの現象のそれぞれにおいて、エントロピーは増大する。したがって、エントロピー増大の法則（熱学第二法則）は、この世界のすべての現象で考慮されなければならない基本法則ということになる。★[25]

p.21~22
★（略）エントロピーには二種類ある。一つは熱エントロピーで、もう一つは物エントロピーである。　熱エントロピーというのは、熱が移動するとき、同時に熱が運ぶエントロピーのことである。その熱（熱量q）のもっているエントロピー量（s）は、その熱の温度をT（絶対温度°K）として、

　　$s = q/T$

で計算することができる。★[25]

p.23
★次に、物エントロピーについて考える。物を加熱するということは、熱という形で物にエントロピーが加わることを意味する。熱のもち込んだエントロピー分だけ、物のエントロピーは増える。（略）ここで、熱エントロピーと物エントロピーは温度の高低で逆の関係になることに注意を促しておきたい。（略）物エントロピーの場合、加熱することによって、温度も高くなると同時にエントロピーも増えることになる。この点わかりにくいと思うが、逆の関係と覚えてほしい。★[25]

p.26
★エントロピーとは物と熱の「汚れ」★[25]

p.27
★生命などを論ずるとき、このエントロピーのもっている特性をいちばんよく表現する日常語は何だろうか。私の到達した結論は「汚れ」である。もう少し正確にいうと、「汚れの量」ということになる。エントロピー増大の法則とは、したがって、汚れ増大の法則のことなのである。★ [25]

槌田は p.19 でエントロピーが不可逆変化の指標であることを明言している。しかし、p.22 の定義式において、＝（等号）が可逆変化でのみ成立することを考慮しているようには見えない。また、物エントロピーについて、温度が高くなると増加すると述べているが、これは槌田自身がいうように分かりにくい。エントロピーが物と熱の「汚れ」だというのなら、温度が高くなるほど物は汚れるのだろうか。

再び定常開放系に関する記述に戻る。槌田は、「発生する地球上のエントロピーの一切合切が、この 43cal/kelvin・cm^2 のなかに収まっているのである」といっているが、地球大気の酸素や二酸化炭素の増減という「物エントロピー」の変化とそれが地球にもたらした環境・生物の大変動を見ると、エントロピーが常にある数値の範囲内に都合よく収まっているようにはとても思えない。

2.4　槌田敦『熱学外論 - 生命・環境を含む開放系の熱理論』1992年

この本は数式も多用して、かなり学術的な印象を受ける。ここでの定常開放系に関する記述は、以下のようになっている。

★この直射日光と温室効果の合計は143となるが、これに T^4 則をあてはめると地表温度は31℃に上昇する。これも局所平衡で、今度は熱死である。（略）しかし、地球には空気の対流（大気循環）があるので、6の熱が奪われ、地球の熱放射は137となるから、地表は28℃に冷却される。この熱は大気を温め、これを上昇させ上空に運ぶ。このとき大気は断熱膨張し、温度が下がり、5000mほどの大気上空で−23℃と

なるが、このあたりで宇宙へ向けて放熱することになる。（略）さらに地球上に水がある。この水は24の熱を吸収し蒸発するので地表が放出する熱線の量は113となり、シュテファン - ボルツマンの法則で計算した温度は15℃となる。これが地球の平均温度である。その蒸発により水蒸気を含む空気が発生するが、これは水蒸気の無い空気より軽いので、さらに上昇傾向が大きい。そして、1.2節で述べた断熱膨張による温度低下で露点に達し雨となり落下し、水循環を作る。このとき熱は大気循環に渡され、既に述べた方法で宇宙に放熱されることになる（略）地球大気上空の温度が断熱膨張により、−23℃と低温になる。ここには、この温度に相当してわずかではあるが水蒸気が存在し、この温度に相当する光子のエネルギーと水蒸気の分子振動のエネルギーがほぼ同じなので、水蒸気による低温の熱放出が可能になり、廃熱の捨て場である宇宙と地球熱機関は結合している。★ [26]

　槌田は、どうも水蒸気に関して特定の波長の赤外線と特定の温度の分子振動が対応しており、特定の温度でのみ放射が起こると考えているようだ。しかし実際には、例えば、気圧1013hPa、温度294K（=21℃）という地表面条件において、水蒸気は近赤外から遠赤外にかけての幅広い領域で赤外線を吸収・射出する [27]。そもそも、放射の吸収は、分子が光子をとらえて、その結果分子の内部エネルギーがより高い準位へ移る（遷移という）ことであり、逆に、放射の射出は、高い内部エネルギー準位にある分子が光子を放出してより低い順位に遷移することである [28]。ある内部エネルギー準位に放射のエネルギーが上乗せされたり、あるいは差し引かれたりすることがなぜ特定の温度においてのみ起こると言えるのか。筆者は気体分子の放射に関する浅野正二の本『大気放射学の基礎』を読んだが、放射が特定の温度でのみ起こるなどということは、どこにも書かれていない（放射の温度依存性については記述がなされているが）。
　さらに、2℃と−23℃の水蒸気の放射について少し考察してみたい。槌田はこれらの温度でのみ水蒸気の放射が起こると考えているようだ。槌田によれば、2℃（=275K）と−23℃（=250K）の水蒸気の放射量は、それぞれ96、64である。一方、大気中でこれらの温度に相当する

高度での水蒸気の密度は、3g/m^3、0.4g/m^{3}である[29]。シュテファン-ボルツマンの法則より、放射量は絶対温度の4乗に比例する。また、水蒸気からの放射は、水蒸気の分圧の0.8乗に比例するという報告がある[30]。気体の密度は、その分圧に比例する。これらの関係から、2℃と−23℃の放射量の比は$(275/250)^4 \times (3/0.4)^{0.8}$=7.3となるはずである。しかし実際には、（96/64）=1.5である。−23℃の高度にあるわずかな水蒸気だけでは、到底不十分ではないか。

　放射の吸収・射出が特定の温度だけではなく、地表と大気圏のいずれの温度でも起こっているのならば、やはり任意の大気高度zとz+dzの間の微小領域において物質収支と放射を含むエネルギー収支から方程式を立てて、それを積分するというのが科学の常道だろう。

　ところで、筆者がなぜこのようなあら捜しみたいなことにこだわるのか。それは、ある仮説の正しさを評価する際に、その仮説を構成する諸要素の正しさを検証してみることが有効な手段の1つではないかと考えるからだ。諸要素が正しいからと言って、必ずしも仮説そのものの正しさが自動的に保証されるわけではない。だが、諸要素の中に間違ったものがあると、少なくとも元の仮説の正しさについて、筆者は懐疑的になる。

　筆者は、前のコメントで、槌田が平衡状態で適用すべきエントロピーの定義式をなぜ地球上の熱の出入りという非平衡現象にそのまま適用したのかについて疑問を述べた。この『熱学外論』には、彼がその根拠と考えているような記述が見られた。その箇所を以下に示す。

★これまで近代熱力学は「エントロピーは孤立系または平衡系でのみ定義される」とか「開放系や非平衡系では、エントロピーはあいまいである」とかいう誤解があった。しかし、前者については、そもそも孤立系や平衡系ではエントロピーを測定する手段がなく、熱などエネルギーを出入りする閉鎖系で測定した値を使って議論していたことを忘れている。

　また後者についてはエントロピー発生または増大が原理であることを忘れている。原理とは、証明の必要がない命題をいう。有る条件範

囲に置いてある命題があらゆる現象と矛盾しなければその命題はそのままで原理なのである。★31)

　ここで槌田が主張する「近代熱力学における誤解」とは、誰のどの本や論文の中にどんな表現で見出されることなのか。出典を明らかにしてほしいものである。そうでないと、この「誤解」が槌田の思い込みなのか、それとも正当と認められるものなのか判断できない。
　筆者が理解するエントロピーとは、可逆過程において $dS \equiv d'q_{rev}/Te$ という定義式で示されるものである。槌田は、この定義式の何が問題だと考えているのだろうか。「孤立系または平衡系」のエントロピーを「熱などエネルギーを出入りする閉鎖系で測定した値を使って議論していた」と言うが、極力平衡系に近づける実験的工夫をした上でのことではないか。槌田自身、彼の著書の中で、エントロピーの測定について次のように述べている。

★まず、測定したい物質を、外と熱の出入りのない箱（断熱箱）に入れ、絶対零度まで冷やしておく。（略）次いで、電熱で物体を少し温める。そして、物体の温度を測る。そうすると、物体に注入されたエントロピー量は、[加熱量÷物体の温度]として求めることができる。このようにして、少しずつ温めながら、注入したエントロピーを合計すると、それが、その温度での物体のエントロピーである。★32)

　彼がわざわざ記した「少し」「少しずつ」が、実験上の重要なポイントだと筆者は思う。理想的平衡状態からのずれがあるからと言って、そのずれの影響を議論することなく、単にずれがあるからエントロピーの定義は平衡系以外にも当てはまるなどというのは、飛躍した見解ではないか。先人達がエントロピー導入で示したような科学的根拠を明らかにすべきである。
　また近代熱力学において「開放系や非平衡系では、エントロピーはあいまいである」という「誤解があった」と主張するのも筆者には疑問である。例えば、筆者が読んだ近代熱力学の参考書によれば、不可逆過程（したがって非平衡）で出入りする熱量を $d'q_{irr}$ とすると $dS > d'q_{irr}/$

Teとなる[33,34]。$d'q_{irr}>0$ ならば $dS>0$ である。エントロピー増大となんら矛盾せず、筆者が見る限り、あいまいな点は認められない。

結局、槌田が平衡状態で適用すべきエントロピーの定義式を地球上の熱の出入りという非平衡現象にそのまま適用した理由は、筆者を納得させるものではなかった。

この本には定常開放系の他にも、熱力学の適用に関して筆者が疑問に思う箇所がいくつかある。その1つを以下に示す。

★たとえば、鉄の生産の場合、原料資源の鉄鉱石（Fe_2O_3）にコークスを加え、高炉に入れ、熱風を送り、銑鉄を得るが、この化学反応式を化学量論的に

$$Fe_2O_3+1.5C \rightarrow 2Fe+1.5CO_2+q \quad (4.32)$$

仮に書くと、銑鉄1t作るのに、必要なコークスは162kgあればよいことになる。しかし、この反応は、$a_0<0$ であり、決して進行しえない。さらに、上記反応を行なわせた際発生する損失 g_s も考慮しなければならない。そこで、コークスを余分に燃やし、エントロピーを発生させ、さらに大量の水を蒸発させてエントロピーを吸収し、この問題を解決している。つまり、鉄1t生産するのに、鉄鉱石865kg、鉄くず326kg、コークス359kg、電力180kwh、重油28ℓ、コークス炉ガス2m³、淡水140tを必要とする（鉄鋼統計年表）。このうち燃料の合計は $3×10^6$ kcalとなる。これをコークスに換算すれば、およそ500kgである。これは、この原料資源の品質を示している。これをエントロピー論的反応式で示せば、

$$Fe_2O_3+1.5C \xrightarrow[3.5CO_2+ 水蒸気]{3.5C+ 水} 2Fe+1.5CO_2 \quad (4.33)$$

となるが、この式において、左から右への式は生産を示し、上から下への式はこの生産を進行させるエントロピー発生を示している。★[35]

筆者は30年以上製鉄会社に勤務していたが、鉄鉱石の還元に水の蒸発が必要などという話は聞いたことがない。一体、高炉のどこで**還**

元のために水を蒸発させているのか。現在、高炉で水を使って冷却しているのは、鉄皮保護や耐火物の寿命延長のためである[36,37,38]。還元のためではない。また、文中に出ている a_0 は、槌田によると次のように定義されたものである。

$$★ \quad a_0 = q\,(1/T_0 - 1/T) \qquad (4.25) \quad ★\,[39]$$

これは、高温熱 q が、温度 T から温度 T_0 へ拡散する能力の大きさを示すとのことである。槌田は、(4.32)式が吸熱反応だから $q<0$ であり、しかも高炉炉内温度 $T>$ 外界温度 T_0 なので $(1/T_0 - 1/T)>0$、したがって $a_0<0$ となり、このままでは反応は起こらないと考えているようだ。$T<T_0$ で外界から熱が供給されない限り、吸熱反応は起こらないということなのか。しかし、反応容器内の温度 $T>$ 外界温度 T_0 ならば、本当にその反応容器内で吸熱反応は起こらないのだろうか。

たとえば、食塩を湯呑の中のお湯に溶かすとする。食塩の主成分は NaCl、お湯の温度 $T>$ 外界温度 T_0 である。NaCl が水に溶けるとき、次のような反応が起こる。

$$NaCl \rightarrow Na^+ + Cl^- \qquad (2)$$

この反応に伴うエンタルピー変化は、$\Delta H = +3.9\,\mathrm{kJ/mol}$ [40] であり、$q = -\Delta H < 0$ だから、(2)式は吸熱反応である。槌田によれば、この場合 (2)式のような反応は起きず、食塩はお湯に溶けないはずである。しかし、筆者が以前うがい水を作るため、お湯に食塩を入れると、食塩はお湯に溶けて、うがい水はちゃんと塩辛い味がしていた。

槌田は、別の個所では、熱と物のエントロピーの合計で反応の進行を判断するように主張している。

★（略）鉄と酸素ガスは反応して酸化鉄になる。（略）反応前後のエントロピーを比較してみる。（略）反応前の鉄と酸素のエントロピー合計より、反応後の酸化鉄のエントロピーのほうが小さく、エントロピー減少反応のようにみえる。（略）しかし、この反応は、エントロピー

だけでなく、エンタルピー(熱関数)H=U+PV で考えると減少している。(略) エンタルピーの減少とは発熱反応を意味している。つまり、この反応は発熱によりエントロピーの増大になっているのである。(略) このように反応の進行は熱と物のエントロピーの合計が増大する方向であって(略) ★ [41]

さて、この主張を高炉での鉄鉱石の還元に当てはめてみるとどうなるか。まず強調しておきたいのは、(4.33)式のように Fe_2O_3 と C が直接反応して、いきなり Fe と CO_2 が生成される**のではない**、ということである。高炉の上部(炉頂)から投入された Fe_2O_3 は炉内を下りながら、還元反応により $Fe_2O_3 \rightarrow Fe_3O_4 \rightarrow FeO \rightarrow Fe$ へと変化していく[42]。この還元反応は、CO 等の還元ガスによるもの(間接還元)と固体の C によるもの(直接還元)とがある。約 900℃以下の温度では間接還元、1000℃以上の高温では直接還元が主に進行する[43]。CO による間接還元の反応が (3)～(5)式、間接還元で生成された FeO が高温で C により直接還元されて Fe を生成する反応が (6)式である[44]。

$$3Fe_2O_3 + CO \rightarrow 2Fe_3O_4 + CO_2 \quad (3)$$
$$Fe_3O_4 + CO \rightarrow 3FeO + CO_2 \quad (4)$$
$$FeO + CO \rightarrow Fe + CO_2 \quad (5)$$
$$FeO + C \rightarrow Fe + CO \quad (6)$$

これらの反応について、熱と物のエントロピーおよびその合計を求めてみる。温度は、227℃(500K)、727℃(1000K)、1227℃(1500K) とした。これらの温度は、一応それぞれ低温、中温、高温に対応し、低温および中温 <900℃、高温 >1000℃である。標準生成エンタルピーを ΔH_f^0、標準エントロピーを S^0 とする。また、反応の前後での標準生成エンタルピー変化を $\Delta(\Delta H_f^0)$、標準エントロピー変化を ΔS^0 とする。反応熱を q とすると、$q = -\Delta(\Delta H_f^0)$、したがって、熱エントロピー(変化)$= q/T = -\Delta(\Delta H_f^0)/T$ となる。物エントロピー(変化)は ΔS^0 である。まず、熱力学データ集より、S^0 と ΔH_f^0 を求めた[45]。その結果を表2に示す。

表2　各物質のS^0 (cal/mol·K) ΔH_f^0 (kcal/mol) の値

温度		Fe_2O_3	Fe_3O_4	FeO	Fe	C	CO	CO_2
227℃ (500k)	S^0	35.469	55.555	20.898	9.868	2.784	50.841	56.122
	ΔH_f^0	−196.356	−266.518	−64.562	0	0	−26.296	−94.091
727℃ (1000K)	S^0	60.440	92.753	30.222	15.934	5.844	56.028	64.344
	ΔH_f^0	−193.079	−260.974	−64.303	0	0	−26.771	−94.321
1227℃ (1500K)	S^0	74.299	112.215	36.167	20.125	8.050	59.348	69.817
	ΔH_f^0	−192.524	−260.691	−64.147	0	0	−27.537	−94.562

次に、上記の値を用いて、(3)〜(6)式のΔS^0と$\Delta(\Delta H_f^0)$を計算し、さらに熱と物エントロピー(変化)の合計$\Delta S_S^0 = \Delta S^0 + \{-\Delta(\Delta H_f^0)/T\}$を求めた(添え字Sはsumの頭文字)。その結果を表3〜6に示す。

表3　(3)式のΔS^0(cal/mol·K), $\Delta(\Delta H_f^0)$(cal/mol), ΔS_S^0(cal/mol·K)

温度	ΔS^0	$\Delta(\Delta H_f^0)$	ΔS_S^0
227℃ (500K)	9.984	−11763	33.51
727℃ (1000K)	12.502	−10261	22.763
1227℃ (1500K)	12.002	−10835	19.225

表4　(4)式のΔS^0(cal/mol·K), $\Delta(\Delta H_f^0)$(cal/mol), ΔS_S^0(cal/mol·K)

温度	ΔS^0	$\Delta(\Delta H_f^0)$	ΔS_S^0
227℃ (500K)	12.42	5037	2.346
727℃ (1000K)	6.229	515	5.714
1227℃ (1500K)	6.755	1225	5.938

表5　(5)式のΔS^0(cal/mol·K), $\Delta(\Delta H_f^0)$(cal/mol), ΔS_S^0(cal/mol·K)

温度	ΔS^0	$\Delta(\Delta H_f^0)$	ΔS_S^0
227℃ (500K)	−5.749	−3233	0.717
727℃ (1000K)	−5.972	−3247	−2.725
1227℃ (1500K)	−5.573	−2878	−3.654

表6　(6)式のΔS^0(cal/mol·K), $\Delta(\Delta H_f^0)$(cal/mol), ΔS_S^0(cal/mol·K)

温度	ΔS^0	$\Delta(\Delta H_f^0)$	ΔS_S^0
227℃ (500K)	37.027	38266	−39.505
727℃ (1000K)	35.896	37532	−1.636
1227℃ (1500K)	35.256	36610	10.849

表3〜5より、(3)〜(5)式の間接還元については、(5)式の727℃と1227℃以外で$\Delta S_S^0 > 0$であり、エントロピー増大則より反応は起

こり得る。また、(6)式の直接反応についても、少なくとも1227℃、すなわち1000℃以上の高温では反応は起こり得る。それでは、(5)式の727℃と1227℃では、本当に反応は起こらないのだろうか。ここで、(5)式の意味を考えてみる。

$$FeO + CO \rightarrow Fe + CO_2 \quad (5)$$

これは、1モルのFeOと1モルのCOから1モルのFeと1モルのCO_2が生成する、ということである。反応物のCOも生成物のCO_2も共に純物質であり、他方のガスが混ざっていない。しかし、実際の高炉操業では、高炉の各部位でCOとCO_2が特定の比率で混合している。例えば、COとCO_2の分圧比は高炉羽口付近のP(CO)/P(CO_2)=1000(1500℃)から炉頂のP(CO)/P(CO_2)=1.3(200℃)まで変化する[46]。この変化が直線的であると仮定すると、温度が227、727、1227℃では、それぞれP(CO)/P(CO_2)=22.1、406.2、790.3となる。勝木渥は、光合成反応$6CO_2+6H_2O \rightarrow C_6H_{12}O_6+6O_2$において、$O_2$と$CO_2$が1気圧でないことによるエントロピー変化への補正を$\Delta S = -6R\ln\{P(O_2)/P(CO_2)\}$とし、この導出過程も示している[47]。筆者も勝木の論証を参考にしながら、以下においてCOとCO_2の分圧の影響を考察した。

まず、(5)式において、COとCO_2を理想気体とし、両者が図1の(a)のように同じ圧力P、温度Tで1つの容器の仕切り板で左右に分離されているとする。COとCO_2の体積は、それぞれ、V_1、V_2、モル数は、それぞれ、n_1、n_2とし、n_1、$n_2 \gg 1$とする。仕切り板を取り去ると、自然に混合して、(b)のようになる。混合後の体積は、V_1+V_2である。このとき、混合に伴うエントロピー増加ΔS_1は、(7)式のようになる[48]。

```
   P,T, n₁        P,T, n₂              P,T
┌─────────────┬─────────────┐  ┌───────────────────────────┐
│CO CO CO CO  │CO₂ CO₂      │  │CO CO CO₂ CO CO CO₂        │
│CO CO CO CO  │CO₂ CO₂      │  │CO₂CO CO  CO₂CO CO         │
│CO CO CO CO  │CO₂ CO₂      │  │CO CO CO₂ CO CO CO₂        │
└─────────────┴─────────────┘  └───────────────────────────┘
     V₁             V₂                    V₁+V₂
     (a) 混合前                           (b) 混合後
```

図1　COとCO_2の定温定圧における混合

$$\Delta S_1 = -R[n_1\ln\{n_1/(n_1+n_2)\} + n_2\ln\{n_2/(n_1+n_2)\}] \quad (7)$$

Rは気体定数

ここで逆に図1(b)を反応前とし、図1(a)になるように操作すると、エントロピーはΔS_1減少することになる。図1(a)になったところで、図2(a)のように、CO側に仕切り板を入れて、COが1モルとn_1-1モルの部分に分ける。図2(b)で、CO 1モル部に圧力Pを維持しながら温度Tで1モルのFeOを入れて（5）式の反応を行なわせる。図2(c)で、FeとCO$_2$が生成する。両者ともに1モルになるまで反応を続ける。なお、図2(c)で、Feは省略した。

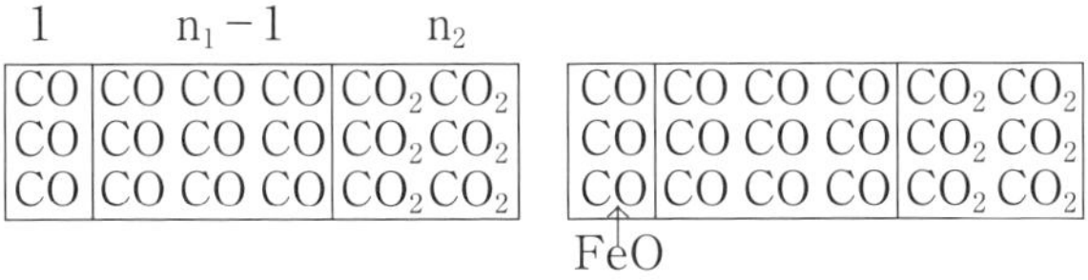

```
 1      n₁-1        n₂
┌──────┬──────────┬──────┐   ┌──────┬──────────┬──────┐   ┌──────┬──────────┬──────┐
│CO    │CO CO CO  │CO₂CO₂│   │CO    │CO CO CO  │CO₂CO₂│   │CO₂   │CO CO CO  │CO₂CO₂│
│CO    │CO CO CO  │CO₂CO₂│   │CO    │CO CO CO  │CO₂CO₂│   │CO₂   │CO CO CO  │CO₂CO₂│
│CO    │CO CO CO  │CO₂CO₂│   │CO    │CO CO CO  │CO₂CO₂│   │CO₂   │CO CO CO  │CO₂CO₂│
└──────┴──────────┴──────┘   └──↑───┴──────────┴──────┘   └──────┴──────────┴──────┘
                                FeO
  (a) CO側に仕切り板        (b) FeOとCOの反応        (c) FeとCO₂の生成
                    図2　FeOとCOの反応
```

図3(a)で、反応により生成したCO$_2$を反応前から存在するCO$_2$の側へ移す。図3(b)で、CO$_2$を隔てる仕切り板を取り去る。このとき、COはn_1-1、CO$_2$はn_2+1モルになっている。図3(c)で、CO〜CO$_2$間の仕切り板を取り去り、両者を再混合させる。

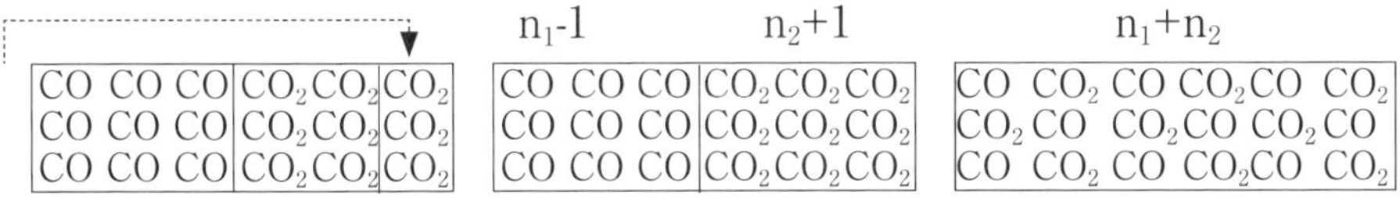

```
                      n₁-1        n₂+1              n₁+n₂
┌──────┬──────────────┐   ┌──────────┬──────────┐   ┌──────────────────────┐
│CO CO CO│CO₂CO₂CO₂  │   │CO CO CO  │CO₂CO₂CO₂ │   │CO CO₂ CO CO₂ CO CO₂  │
│CO CO CO│CO₂CO₂CO₂  │   │CO CO CO  │CO₂CO₂CO₂ │   │CO₂ CO  CO₂CO CO₂ CO  │
│CO CO CO│CO₂CO₂CO₂  │   │CO CO CO  │CO₂CO₂CO₂ │   │CO CO₂ CO CO₂CO  CO₂  │
└──────┴──────────────┘   └──────────┴──────────┘   └──────────────────────┘
  (a) 生成したCO₂の移動  (b) CO₂の仕切り板除去   (c) COとCO₂の再混合
          図3　CO₂の移動およびCOとCO₂の再混合
```

図3(b)で、CO$_2$の仕切り板を取り去っても同一ガスの混合なのでエントロピーは変化しない（ギブズの逆理）[49]。図3(c)で、COとCO$_2$の再混合によるエントロピー増加をΔS_2とすると、

$$\Delta S_2 = -R\left[(n_1-1)\ln\{(n_1-1)/(n_1+n_2)\} + (n_2+1)\ln\{(n_2+1)/(n_1+n_2)\}\right] \tag{8}$$

エントロピーの変化をまとめると、図1(b) → (a)で$\varDelta S_1$の減少、図2(b)の反応で$\varDelta S^0_S$の増加、図3(b) → (c)で$\varDelta S_2$の増加となる。この中で、COとCO$_2$の分圧の変化によるエントロピー変化は、$-\varDelta S_1 + \varDelta S_2$である。(7)式と(8)式より、

$-\varDelta S_1 + \varDelta S_2$
$= R [n_1 \ln\{n_1/(n_1+n_2)\} + n_2 \ln\{n_2/(n_1+n_2)\}] - R [(n_1-1) \ln\{(n_1-1)/(n_1+n_2)\} + (n_2+1) \ln\{(n_2+1)/(n_1+n_2)\}]$
$= R [n_1 \ln\{n_1/(n_1+n_2)\} + n_2 \ln\{n_2/(n_1+n_2)\} - (n_1-1) \ln\{(n_1-1)/(n_1+n_2)\} - (n_2+1) \ln\{(n_2+1)/(n_1+n_2)\}]$ (9)

(9)式の [ ] の中を取り出して、以下のように整理する。

$n_1 \ln\{n_1/(n_1+n_2)\} + n_2 \ln\{n_2/(n_1+n_2)\} - (n_1-1) \ln\{(n_1-1)/(n_1+n_2)\} - (n_2+1) \ln\{(n_2+1)/(n_1+n_2)\}$
$= n_1 \ln\{n_1/(n_1+n_2)\} + n_2 \ln\{n_2/(n_1+n_2)\} - n_1 \ln\{(n_1-1)/(n_1+n_2)\} + \ln\{(n_1-1)/(n_1+n_2)\} - n_2 \ln\{(n_2+1)/(n_1+n_2)\} - \ln\{(n_2+1)/(n_1+n_2)\}$
$= n_1 \ln\{n_1/(n_1-1)\} + n_2 \ln\{n_2/(n_2+1)\} + \ln\{(n_1-1)/(n_2+1)\}$
$= -n_1 \ln\{(n_1-1)/n_1\} - n_2 \ln\{(n_2+1)/n_2\} + \ln\{(n_1-1)/(n_2+1)\}$
$= -n_1 \ln\{1-(1/n_1)\} - n_2 \ln\{1+(1/n_2)\} + \ln\{(n_1-1)/(n_2+1)\}$

$x = -(1/n_1)$、$y = 1/n_2$とすると、$n_1, n_2 \gg 1$より$-1 < x, y < 1$、このとき、$\ln(1+x) = x - (1/2)x^2 + (1/3)x^3 - \cdots (-1)^{n+1}(1/n)x^n + \cdots$ [50) より、

$-n_1 \ln\{1-(1/n_1)\} = (1/x) \ln(1+x)$
$= 1 - (1/2)x + (1/3)x^2 - \cdots (-1)^{n+1}(1/n)x^{n-1} + \cdots$

$n_2 \ln\{1+(1/n_2)\} = (1/y) \ln(1+y)$
$= 1 - (1/2)y + (1/3)y^2 - \cdots (-1)^{n+1}(1/n)y^{n-1} + \cdots$

$n_1, n_2 \to \infty$のとき $x, y \to 0$、ゆえに $(1/x) \ln(1+x) \to 1$、$(1/y) \ln(1+y)$

→1、したがって、$-n_1\ln\{1-(1/n_1)\}-n_2\ln\{1+(1/n_2)\}\approx 1-1=0$、
また、n_1、$n_2\to\infty$のとき$\{(n_1-1)/(n_2+1)\}\approx n_1/n_2$
ゆえに$-\Delta S_1+\Delta S_2\approx R\ln(n_1/n_2)=R\ln\{P(CO)/P(CO_2)\}$　　　(10)

227、727、1227℃の各温度において、表5のΔS^0_Sに$-\Delta S_1+\Delta S_2$を足した値ΔS_g ($=\Delta S^0_S-\Delta S_1+\Delta S_2$)を表7に示す。なお、気体定数Rは1.9872cal/K·mol[51]の値を用いた。

表7　(5)式のΔS_g ($=\Delta S^0_S-\Delta S_1+\Delta S_2$) (cal/mol·K)

温度	ΔS^0_S	$-\Delta S_1+\Delta S_2$	ΔS_g ($=\Delta S^0_S-\Delta S_1+\Delta S_2$)
227℃ (500K)	0.717	6.152	6.869
727℃ (1000K)	-2.725	11.937	9.211
1227℃ (1500K)	-3.654	13.259	9.605

表7より、727℃と1227℃においても$\Delta S_g>0$となり、(5)式の反応は起こり得ることが示された。このように、物および熱エントロピーの合計、さらには必要に応じて分圧の影響を考慮するため混合エントロピーを導入することで、高炉における鉄鉱石の還元を説明することが可能になったと筆者は考える。「鉄鉱石の還元には水の蒸発が必要」などという突飛なことを言い出さなくても済むのである。

高炉内現象への自由エネルギー適用の是非については、本章の補足(高炉のモデル化)で少し説明する。

以上長々と反応の可能性をエントロピーで論じてきた。しかし、自由エネルギーを用いれば分圧の影響も合わせてもっと簡便に判定することができる[52]。そもそも、物および熱エントロピーの合計を考えるということは、自由エネルギーで判断するということである。これについて、説明する。図4は、系、外界およびそれらを合わせた宇宙全体の関係である。$Q_{外界}$は外界が系から受け取った熱量である。

由井宏治は、宇宙全体のエントロ

図4　系、外界、宇宙全体の関係

ピー変化からギブズの自由エネルギーを導出している。詳細な導出過程は由井の本にゆずるとして、ここではその導出過程をかなり省略して以下に示す。

★まず宇宙全体のエントロピー変化を系のエントロピー変化と外界のエントロピー変化に分けて考えてみる。

$$\Delta S_{宇宙全体(孤立系)} = \Delta S_{系(閉鎖系)} + \Delta S_{外界(閉鎖系)} \qquad 6-(1)$$

（略）外界が系から熱量 $Q_{外界}$ を受け取ったとき（略）、系の失った熱量 $-Q_{系}$ が外界の得た熱量 $Q_{外界}$ そのものなので、

$$Q_{外界} = -Q_{系} \qquad 6-(2)$$

（略）エントロピーの定義式を外界に適用して（略）

$$\Delta S_{外界(閉鎖系)} = Q_{外界}/T = -Q_{系}/T \qquad 6-(3)$$

このとき、6-(1)式は次のように表される。

$$\Delta S_{宇宙全体(孤立系)} = \Delta S_{系(閉鎖系)} - (Q_{系}/T) \qquad 6-(4)$$

（略）6-(4)式の右辺の熱量 $Q_{系}$ は状態量ではない。そこで、もしこの熱のやり取りが定圧過程で行なわれれば、$Q_{系} = \Delta H_{系}$ となるので、

$$\Delta S_{宇宙全体(孤立系)} = \Delta S_{系(閉鎖系)} - (\Delta H_{系(閉鎖系)}/T) \qquad 6-(5)$$

（略）ここで6-(5)式の右辺をいちいち書くのは面倒であるので、以下のような新たな熱力学量を定義する。

$$G \equiv H - TS \qquad 6-(6)$$

この新たに導入された熱力学量（G）はギブズの自由エネルギー（略）と呼ばれる。（略）等温定圧過程において、状態変化の前後でギブズの自由エネルギーの変化量を求めると、等温過程であることに注意して6-(6)式は

$$\Delta G = \Delta H - T\Delta S \qquad 6-(7)$$

となるから、これと6-(5)式より、

$$\Delta S_{宇宙全体(孤立系)} = -(\Delta G_{系(閉鎖系)}/T) \qquad 6-(8)$$

が成り立つ。（略）もし、自発的な変化が起こりうる場合は $\Delta S_{宇宙全体(孤立系)} > 0$ であるから、系のギブズの自由エネルギー変化では

$$\Delta G_{系(閉鎖系)} < 0 \quad （自発変化）\quad（等温定圧過程） \qquad 6-(9)$$

という条件で判定することができる。（略）<u>仮に閉鎖系のエントロピーが減少しても、そのときのエンタルピーの変化次第では、自発変化に</u>

なり得るともいえる。世の中には、一見エントロピーが減少しているような事象が見られるが、結局外界に熱エネルギーを放出し、系と外界を足した宇宙全体としてはエントロピーは増大しているので、熱力学第二法則に矛盾はしていない。★ 53)

　以上が、由井による自由エネルギーの導出である。彼の指摘、「一見エントロピーが減少している事象でも、系と外界を足した宇宙全体ではエントロピーが増大しているので、熱力学第二法則に矛盾しない」は重要である。6−(5)式で、ΔS系（閉鎖系）は物エントロピー変化、$-(\Delta H_{系(閉鎖系)}/T)$は熱エントロピー変化に相当する。このように、物および熱エントロピーの合計から自由エネルギーが導き出されるにもかかわらず、槌田はどうも自由エネルギーに対して特異な見解を持っているようである。その箇所を以下に示す。

★化学熱力学では資源問題を自由エネルギーで議論する傾向がある。しかし、自由エネルギーは、エネルギー保存則が成り立たず計算違いをする可能性があり、また等温等圧の現象以外では使用できない（略）★ 54)

　「自由エネルギーは、エネルギー保存則が成り立たず計算違いをする可能性があり」というのは、どういう意味なのか。大いに理解に苦しむ。自由エネルギーは、エネルギーという言葉がついているものの、保存関数という本来の意味でのエネルギーではない 55)。自由エネルギーにエネルギー保存則を要求する方がおかしい。一体どのような計算違いの可能性があるのか、槌田には是非実例を示してほしいものである。
　自由エネルギーには、さらに大きな利点がある。それは、反応の平衡定数をK_P、標準自由エネルギー変化をΔG^0とすると、
$$K_P = \exp(-\Delta G^0/RT)$$
という実にシンプルな関係があり 56)、これから各成分気体の平衡における分圧が定量的に予測できる、ということである。その反応を実際に起こしてみなくても、平衡における分圧の情報が得られるわけで

あり、実にありがたいことである。しかも、上記のK_Pと$\varDelta G^0$の関係は、気体の反応だけでなく全ての反応に基本的に適用できる[57]。

環境問題への熱力学の適用に関しては、エントロピーを大局的観点からあれこれと議論することも否定はしないが、まずは有害性が懸念される様々な物質について、平衡定数と自由エネルギーの関係から、どんな反応がどの程度起こりうるかを予想することが肝心ではないか、と筆者は思うのである。ただ、そのためには自由エネルギーを含む熱力学データの一層の拡充が必要となるだろう。

次に、「自由エネルギーは（略）等温等圧の現象以外では使用できない」という点については、確かにそうである。槌田は、他の本でも以下のように強調している。

★熱化学の教科書に反応の進む方向として書いてある$\varDelta G<0$（略）は、熱（温度）平衡、圧力平衡下の変化であることを示しており、この条件の満たされない資源問題や生命問題には自由エネルギーを使用してはいけない。これには熱学的使用価値または最大仕事（エクセルギー）を用いるべきである。★[58]

この槌田の主張について、A+B→Cという化学反応を例にとって考えてみる。この反応がある反応容器内で起こっているとする。反応容器は、高炉でもよいし生物の体内でもよい。反応容器内温度は$T_系$、外界温度は$T_{外界}$とし、$T_系>T_{外界}$とする。生成物Cは、外界へ取り出される。図5で、AとBからCが生成する実線の矢印の流れは、この状況を示す。

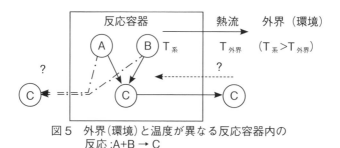

図5　外界（環境）と温度が異なる反応容器内の
　　　反応：A+B→C

槌田によれば、反応容器内と外界は温度が異なるから、この反応に自由エネルギーは適用できないことになる。確かに、反応容器内と外界の温度差による熱流は生じている。しかし、反応容器内は温度$T_系$で均一であり、反応はこの温度において進行する。そこに自由エネルギーを適用して何が問題なのか。それとも、図5の点線の矢印のように外界の温度の影響が何らかの方法で容器内に伝播し反応に作用するというのだろうか。筆者には、このような伝播作用など想像もつかない。生成物Cは外界に出てから外界と熱のやり取りをし、その結果エントロピーも変化するだろう。あるいは、外界の物質と別の反応をするかもしれない。しかし、それらが容器内で次のCの生成にどんな影響を及ぼすというのだろう。

　またキュリーの原理によれば[59]、方向性を持たず、従ってスカラー量である化学反応は、ベクトル量である熱流とは互いに相互作用を持つことはない。化学反応が熱流によって**直接的に**引き起こされる、などということは、起こり得ないのではないか。

　それとも、図5で一点鎖線の矢印の流れのように、反応容器内の$T_系$ではAとBはCにはなりきらず、外界に出て$T_{外界}$となり初めてCが生成され、反応が確定するというのだろうか。これも筆者には理解しがたい。外界に取り出さずとも生物の体内で進行する反応というのは、数多く存在するのではないか。

　槌田は、動植物が発生させた「物エントロピーは熱エントロピーに変わ」る[15]と主張する。しかし、そのような転化反応がある場合でも、彼自身が言うように、反応の前後での物および熱エントロピーの合計を考慮しなければならない。発熱反応で熱エントロピーが増える場合でも物エントロピーが減るとは限らないのである。たとえば、下水中に含まれる有機物質として、タンパク質、炭水化物、脂肪などがあるが[60]、生物化学的酸素要求量すなわちBODを高め、公共用水域の汚濁の一因となる[61]。この有機物質が、微生物により分解される反応は以下のようになる。

★ $C_xH_yO_z + \{x+(y/4)-(z/2)\}O_2 \rightarrow xCO_2 + (y/2)H_2O - \Delta H$ ★[62]

有機物質が糖類のグルコースならば、x=6、y=12、z=6 より、上記の反応は以下のようになる。

$$C_6H_{12}O_6 + 6O_2 \rightarrow 6CO_2 + 6H_2O - \Delta H \qquad (11)$$

　これは光合成とは逆の反応である。上述のように、勝木渥は、光合成で O_2 と CO_2 が1気圧でないことによるエントロピー変化への補正を $\Delta S = -6R\ln\{P(O_2)/P(CO_2)\}$ としている[47]。(11) 式は光合成とは逆反応なので、この補正はマイナスの符号を取って $\Delta S = 6R\ln\{P(O_2)/P(CO_2)\}$ となる。大気中の O_2 と CO_2 濃度は、それぞれ 20.946%、360ppm なので[63]、$P(O_2) = 0.20946$、$P(CO_2) = 0.00036$ atm となる。これらの値を代入すると、$\Delta S = 75.905$ cal/mol·K>0 となる。次に、O_2 と CO_2 が1気圧の場合、上述した鉄鉱石の還元と同様にエントロピー変化を求める。各物質の S^0 と ΔH_f^0 を表8に示す[64]。また物エントロピー変化 ΔS^0、標準生成エンタルピー変化 $\Delta(\Delta H_f^0)$、熱と物エントロピー変化の合計 ΔS_S^0 を表9に示す(熱エントロピー変化 $= q/T = -\Delta(\Delta H_f^0)/T$ である)。なお、表8と9でエネルギーの単位が異なることは御了承願いたい。前者ではJまたはkJだが、後者ではcalである。単位換算による計算間違いをできるだけ避けるために、前者で引用文献における単位がJ、kJとなっている値をそのまま用いて計算し、後者でcalに換算した。なお、1J=0.2390cal である[65]。

表8　(11) 式の各物質の S^0（J/mol·K）ΔH_f^0（kJ/mol）の値

温度		α-D-グルコース	O_2	CO_2	H_2O（ℓ）
25℃	S^0	212.13	205.03	213.64	69.94
(298k)	ΔH_f^0	−1274.43	0	−393.51	−285.84

表9　(11) 式の ΔS^0（cal/mol·K）, $\Delta(\Delta H_f^0)$（cal/mol）, ΔS_S^0（cal/mol·K）

温度	ΔS^0	$\Delta(\Delta H_f^0)$	ΔS_S^0
25℃（298K）	61.942	−669599	2308.919

　表9より、熱エントロピー変化 $-\Delta(\Delta H_f^0)/T > 0$ であるが、物エントロピー変化も $\Delta S^0 > 0$ である。このことからも、槌田が定常開放系論で主張するような「物エントロピーから熱エントロピーへの転化」

について、筆者はその妥当性に疑問を持つのである。
　彼がこのような主張をするに至った根拠は、『熱学外論』の中で以下の箇所に示されているようである。

★（略）陸上生物の栄養は主に生態系の物質循環により供給されることになる。ここでは動物が植物を解体し、また微生物が植物と動物の死体を分解して、栄養を元の土に戻している。そしてこの土から翌年また光合成により植物が育つことになる。これを地球熱化学機関ということにしよう（略）この熱化学機関の活動で発生した余分の物エントロピーはどのようになったのか。エントロピー増大則との関係はどのように説明すればよいのか。
　それは、この生態系の循環で物エントロピーが熱エントロピーに転化したと答えればよい。堆肥を作る（土に戻す）とき、植物に土をかぶせ、水をかけるが、このとき発熱することはよく知られた事実である。★[66]

　植物と動物の死体がどんな物質から構成され、その物エントロピーと熱エントロピーがいくらで、分解反応のときそれらがどう変化するのか。このことを明らかにしないと、「物エントロピーから熱エントロピーへの転化」は説得力を持たないのではないか。
　筆者には、槌田の主張が以下の①→②→③→④で展開されているように見える。
　①エントロピーを「汚れ」または「汚れの程度」とする。
　②動植物の活動により、余分の物エントロピーが発生する。
　③この物エントロピーは、廃物であり、従って「汚れ」である。
　④しかし、この物エントロピーは生態系の循環で熱エントロピーに転化し、最終的に宇宙へ捨てられる。
　筆者は、彼が①でエントロピーを「汚れ」としたために、熱力学で厳密に定義されたエントロピーからずれたものになったと考える。①は③を導くために、彼にとっては是非とも必要なのだろう。しかし、それによってエントロピーがここでは熱力学的定量性と無縁のもの、一種の比喩的なものになってしまったのではないか。現に、彼は「物エントロピーから熱エントロピーへの転化」を熱力学的定量性に基づ

いて示していない。

『熱学外論』における熱力学の適用で、筆者が疑問に思うもう1つの箇所は槌田の光合成に関する議論である。ここでも彼は、水の蒸発によって光合成が進行すると主張している。まず、彼は「生命という熱化学機関」に出入りする物質、エネルギー、エントロピーについて収支式を立てている。

★物質収支 　　　　　$m_1 = m_2$
エネルギー収支　$u_1 + Pv_1 + q_1 = u_2 + Pv_2 + q_2 + w$
エントロピー収支　$s_1 + q_1/T_1 + g_S = s_2 + q_2/T_2$ 　★[67]

ここで、筆者が槌田の本を読んで[68]了解した範囲内で各記号の意味を示す。

m_1: 入る物質の量、m_2: 出る物質の量、u_1: 入る物質の内部エネルギー、P: 圧力、v_1: 入る物質の体積、q_1: 入る熱量、u_2: 出る物質の内部エネルギー、v_2: 出る物質の体積、q_2: 出る熱量、w: 生命が体外に対してする仕事、s_1: 入るエントロピー、s_2: 出るエントロピー、g_S: 発生したエントロピー

これら3つの収支式から、槌田はq_2を消去して、(5.1)式を得ている。

★ $w = -(\varDelta u - T_2 \varDelta s + P \varDelta v) + (1 - T_2/T_1) q_1 - T_2 g_S$ 　(5.1)★[67]

次に、槌田は植物の場合に、以下の (5.2) 式を得ている。

★植物の場合には、体外に対してする仕事は無視してもよい。その代わり、光合成によって、物質を生産することになる。そこで、式(5.1)は次のように書き直す必要がある。

$(\varDelta u - T_2 \varDelta s + P \varDelta v) = (1 - T_2/T_1) q_1 - T_2 g_S$ 　　(5.2)

左辺は、物質生産の総量を示している。ここで、q_1は植物が吸収した光の量で、T_1は植物が光を受け入れる葉緑体反応中心複合体の

有効温度である。T_2は熱を吐き出す部分の温度である。このように植物を表現すると、植物の生産は、全体として熱機関とまったく同じ式になるのである。★[69]

　以上が、槌田の光合成論における準備段階であるが、既に筆者の頭にはいくつかの疑問が浮かんでくる。その１つは、光合成反応の収支式に「植物が吸収した光の量」q_1をいきなりそのまま導入してよいのか、という点である。その熱が内部エネルギーやエンタルピーに転化しなければ反応に関与しないのではないか。もう１つは、(5.2) 式で$T_1=T_2$ならば右辺のq_1を含む第一項はゼロになるが、本当に植物の葉の微細な領域で$T_1>T_2$という温度差が存在するのか、である。槌田は、そのような温度差をどうやって確認したのか。そもそも、「葉緑体反応中心複合体」などというものは、具体的に何なのか。
この準備段階の後に、彼は、通常の光合成反応式ではエントロピー減少であることを以下のように説明している

★光合成がきわめて不思議な現象であると考えられるのは、〔CH_2O〕をブドウ糖の1/6モルとして、この光合成反応式を
$$CO_2+H_2O+q_1=〔CH_2O〕+O_2 \quad (5.3)$$
$$q_1=111.7 kcal/mol$$
のように書き、表5.1の数値を用いて計算すると、この反応はエントロピーの減少となり、決して進行しえないということになる（略）したがって、このようなエントロピーを減少する光合成は起こるはずがない。それなのに実際には光合成は実在する。

表5.1　光合成・呼吸に必要なエントロピー
(25℃, 1気圧) (cal/deg·mol)

	標準状態	他の状態
CO_2	51.2	67.2 (300ppm)
H_2O (ℓ)	16.7	
H_2O (g)	45.1	52.0 (飽和蒸気圧)
O_2	49.0	52.1 (21%組成)
〔CH_2O〕	8.5	

〔CH_2O〕：ブドウ糖1/6モル★[70]

(5.3) 式のq_1は、植物が吸収した光の量である。さて、槌田は、光合成が起こる理由を例によって水の蒸発によるエントロピー増大で説明しようとする。それは以下のようである。

★光合成の場合、この反応を強制的に進行させているものは、q_1 のほかに余分に必要とする光 $q_{1'}$ の熱化によるエントロピーの増大である。(略) 余分に必要な光は $q_{1'}$=240kcal であった。それを強調して、エントロピー反応式を書くと、

$$CO_2 + H_2O + q_1 \xrightarrow[q_2]{q_{1'}} [CH_2O] + O_2 \qquad (5.4)$$

ということになる。ここで、横方向の反応式は通常のものであるが、縦方向の反応式はエントロピーの増大を示す。

ところで、植物は一般に 15~30℃ の範囲でしか光合成する能力がない。したがって、この廃熱 (q_2) をそのままにしておくことはできない。そこで植物は一般に水の蒸散によりこの熱エントロピーを除去している。これも含めてエントロピー論的反応式で示せば、

$$CO_2 + H_2O + q_1 \xrightarrow[\text{水蒸気}]{\text{水} + q_{1'}} [CH_2O] + O_2 \qquad (5.5)$$

ということになる。

このように余分に必要な光は結局熱化し水の蒸発になるのであって、25℃ での蒸発熱を 10.5kcal/mol とすると、必要な水の量は 22.9mol となる。表 5.1 にあげた数値を用いて式 (5.5) の反応前後のエントロピー変化を計算すると、単位を cal/deg として

	反応前			反応後	
CO_2		67.2	$[CH_2O]$		8.5
23.9H_2O (ℓ)		399.1	O_2		49.0
			22.9H_2O (g)		1032.8
		466.3			1090.3

となり (略) 光合成反応にエントロピー減少というような不思議は存在していないことがわかる。ここで、植物が受光する際に発生するエントロピーの大きさはまだ研究されていないので、これをゼロと近似した。★[71]

以上が、槌田による光合成反応の説明である。これに対する筆者の疑問を述べる。

　まず、反応前のエントロピー計算で、CO_2 については 300ppm での値を用いている。しかし、反応後のエントロピー計算で、O_2 と $H_2O(g)$ のいずれも大気中での状態ではなく、標準状態での値を用いている。なぜ、反応後のエントロピー計算の前提を標準状態としたのか。

　また、表5.1で、反応前と反応後の温度をどちらも 25℃（298K）としている。これでは、(5.2) 式で導入側の温度 T_1 と排出側の温度 T_2 を区別した意味はどこにあるのか。高温熱源から熱を取り込み、低温熱源に廃熱を捨てることにより仕事を得るというのが槌田の熱機関論の要ではないのか[72]。それとも、「植物の場合には、体外に対してする仕事は無視してもよい」ので、$T_1=T_2$ としたのか。だが、それでは (5.2) 式の右辺の q_1 を含む第一項はゼロとなり、植物が光をどれだけ吸収しても光合成反応には関与しないことになるのではないか。

　槌田が計算した反応前後のエントロピーは物エントロピーである。筆者は、鉄鉱石の還元で示したように、物と熱エントロピー変化の合計 ΔS^0_S を計算してみる。計算の対象は、以下の反応式である。この反応式は、(5.4) 式のすぐ下の反応前後のエントロピー変化計算表に基づく。

$$CO_2 + 23.9 H_2O\ (\ell) \rightarrow [CH_2O] + O_2 + 23.9 H_2O\ (g) \quad (12)$$

　物エントロピー S^0 は、槌田が表5.1で用いた値を使った。標準生成エンタルピー ΔH^0_f は、表8の値を利用した。$[CH_2O]$ の H^0_f は、α-D-グルコースのそれを6で割った値を用いた。なお、$H_2O(g)$ の ΔH^0_f は $-241.83 kJ/mol$ [64] とした。(12)式の ΔS^0(cal/mol·K)、$\Delta(\Delta H^0_f)$(cal/mol)、ΔS^0_S(cal/mol·K) を表10に示す。

表10　(12)式の ΔS^0(cal/mol·K)、$\Delta(\Delta H^0_f)$(cal/mol)、ΔS^0_S(cal/mol·K)

温度	ΔS^0	$\Delta(\Delta H^0_f)$	ΔS^0_S
25℃（298K）	624	352471	－558.8

表10より、$\Delta S^0_S<0$となり、(12)式の反応は起こり得ないことになる。そもそも、水から水蒸気への相変化が化学反応の駆動力になるという発想が筆者には理解困難である。ところで、物と熱エントロピー変化の両方を考慮しなければならないのは、槌田の(5.2)式からも明らかである。(5.2)式で、$T_1=T_2=T$として整理すると、

$$g_S = \Delta s - (\Delta u + P \Delta v)/T \qquad (13)$$

(13)式の右辺第二項のカッコ内がエンタルピー変化に相当し、それを温度Tで割ったものは熱エントロピー変化である。槌田が計算したのは、右辺第一項のΔsだけである。

　光合成に水の蒸散が必須だという槌田の主張について、筆者はさらに2,3の疑問を述べたい。1つは、CAM植物の光合成についてである。サボテンのように砂漠に生息するCAM植物は夜に気孔を開いてCO_2を吸収し、リンゴ酸にして細胞内の液胞に貯めておく。そして、昼間に気孔を閉じて水分の蒸発を抑制しながら、リンゴ酸を分解してCO_2を取り出し、光合成を行っている[73]。この場合、光が当たっている昼間はむしろ蒸散がほとんど行われていないことになる。

　もう1つの疑問は、武田友四郎らの実験結果[74]に関連する。武田らは、トウモロコシ葉について、各種条件下で光合成速度、蒸散速度、水蒸気交換係数を測定した。ここで、水蒸気交換係数（D）は、蒸散速度をT、葉肉細胞表面における空気の絶対湿度をe_{int}、外周空気の絶対湿度をe_aとすると、$D=T/(e_{int}-e_a)$で表される。武田らによると、Dの変化は、気孔開度の変化を表しているとみなすことができる。武田らは、実験結果より、光合成と蒸散は、条件によって正、負の相関々係および無相関になり、光合成はむしろ水蒸気交換係数によって直接支配されると結論づけている。すなわち、蒸散が増えれば単純に光合成が促進される、というものではないのである。

　それでは、槌田の光合成蒸散説から離れて、そもそも光合成をどのように理解すればよいのだろうか。筆者にとって参考になったのは、ホールとラオの光合成の本である[75]。この中で、以下の図のように光合成は明反応と暗反応から成り、前者で$NADPH_2$とATPが作ら

れる。これらは、後者で CO_2 から $[CH_2O]$ が作られるときエネルギー源として働く。$NADPH_2$ は還元型のピリジンヌクレオチド[77)]、ATP はアデノシン三リン酸[78)]である。

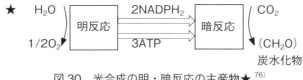

図30　光合成の明・暗反応の主産物★[76)]

次に、光合成のエネルギー論に関する箇所を以下に示す。

★ブドウ糖生成の一般式は次のように表わすことができる。
（1）　$CO_2 + H_2O \rightarrow [CH_2O] + O_2$
　　　　　　　$\varDelta G = +48 \times 10^4$ ジュール（114kcal）

これは1モルの CO_2 を固定してブドウ糖のレベルにするには 48×10^4 ジュールのエネルギーが必要であることを意味する（略）このエネルギーは光合成の明反応によりもたらされ（略）$NADPH_2$ および ATP に存在するエネルギーは次のように表される。
（2）　$2NADPH_2 + O_2 \rightarrow 2NADP + 2H_2O$
　　　　　　　$\varDelta G = -44 \times 10^4$ ジュール（－105kcal）
（3）　$3ATP + H_2O \rightarrow 3ADP + 3P_i$
　　　　　　　$\varDelta G = -9.2 \times 10^4$ ジュール（－22kcal）

このエネルギーは CO_2 を還元してブドウ糖のレベルにするのに十分で、まだおよそ 5×10^4 ジュール（13kcal）あまる。すなわち、

	$\varDelta G$（ジュール）	$\varDelta G$（kcal）
(1)	$+48 \times 10^4$	$+114$
(2)	-44×10^4	-105 （2×52.5）
(3)	-9.2×10^4	-22 （3.73）
	-5×10^4 ジュール（あまり）	-13 kcal（あまり）

反応式 (1)、(2)、(3) を要約すると
　　$CO_2 + H_2O + 2NADPH_2 + 3ATP \rightarrow$

$$[CH_2O]+O_2+2NADP+3ADP+3P_i \quad \bigstar \text{ }^{79)}$$

　槌田は反応式（1）だけを見て、この反応が起こるためには水の蒸散が必要と主張した。しかし、反応式（2）、（3）を考慮すれば、総括の反応では$\varDelta G=-13\text{kcal}<0$となり、反応は進行する（Piは無機リン酸である）$^{80)}$。また、$\varDelta G$（kcal）の列で、（2×52.5）は、$NADPH_2$が1モルでは反応式（2）の$\varDelta G=52.5\text{kcal}$なので、その2倍ということだと思われる。その下の（3.73）というのはよく分からないが、おそらくATPが1モルでは$\varDelta G=7.3\text{kcal}$であり、3×7.3と書くべきところを間違えたのかもしれない。

　槌田の定常開放系論や光合成蒸散説には、実はすでに疑問・批判が数多く寄せられている。エントロピー学会誌である『えんとろぴい』上でも、安孫子誠也、竹澤邦夫らが槌田への批判を表明し、それに対して槌田を支持する勝木渥、白鳥紀一、河宮信郎らが反論するという形で、論争が繰り広げられた$^{81)}$。しかし、この論争は、やがてお互いに「相手が自分を正しく理解していない」という非難の応酬になってしまい、筆者の目にはあまり実りなく終焉してしまった。誠に残念である。今回の筆者のコメントでは、筆者がこれまでに知り得た先行する疑問・批判では、あまり言及されなかった点をできるだけ取り上げようと試みたつもりである。

　ところで、そのような疑問・批判の中で是非紹介しておきたいものがある。それは、吉岡斉の論考である。吉岡はオブザーバーとしてエントロピー学会に関わり、学会設立から2年余りが過ぎた時点で、彼自身の考えを論文として報告した。この論文の中で筆者が注目する箇所を以下に示す。

★そこで私は学会創設にさいし、エントロピー学の満たすべきガイドラインとして次の五つを示した。

（1）エントロピー学は、エントロピーという物理概念に立脚するからには、数理的学問であらねばならぬ。つまり自然および社会の諸現

象を診断する数量的指標を備えていなければならない。
(2) エントロピー概念の助けを借りなければ、どうしてもうまく説明できない問題領域を開拓せねばならない。
(3) 単なる現代文明の病理の診断にとどまらず、それを打開する政策的ないし実践的なプログラムを開拓せねばならない。とくに社会科学者の役割は大きい。
(4) ただし、定常開放系の維持を至上の尺度として人間を抑圧する地球管理学となってはならない。
(5) 科学と倫理を厳密に区別せねばならない。エントロピーの法則は、エコロジストの世界観の正しさの科学的根拠とはならない。

　これらの見解は今も変わっていない。(略) エントロピー概念の借用によって新たに重要な知見が得られた例を私は知らない。(略) エントロピーのごとき単一の熱力学的変数の分析から浮かび上がる重要な新事実はほとんどないのではないかと私は予想する。それでもエントロピー概念にこだわりたいなら「実学性」を示して見せなさい、というのが私の自然科学者に対する注文である。(略) 生命系の維持というきわめて実践的な問題意識から出発したはずのエントロピー学の代表的論者たちが、実学性の乏しいスコラ自然学をいつまでも続けていたのでは、外野席の観客は退屈させられる。エントロピー概念の正しい適用は大切なことだが、エントロピー学の将来性の有無が、いま問われているのであって、そちらで実績をあげるほうがはるかに重要だと思う。(略) われわれが必要とするのは、(略) 自然科学者・社会科学者・市民の叡智を結集した、環境問題の具体的分析とその打開策の探求である。★[82)]

　筆者も吉岡の指摘には同感である。槌田の『熱学外論』を見ると、前半 (第Ⅰ部) で開放系の熱学のエントロピーについて (正否はともかく) 詳細に論じ、エントロピー収支式を提示している。しかし、後半 (第Ⅱ部) の「第9章　熱化学機関としての人間社会」では、エントロピー収支式を基にした数量的解析の代わりにあるのは、たとえば、次のような記述である。

★（略）持続する社会を目指すのであれば、社会の中で物質は循環していなければならない。社会はこれまでの経済学が成立の条件としてきた「循環の経済」に戻らなければならない。そうでなければ、必ず、資源の枯渇または各種エントロピー（汚染）の蓄積になり、いわゆる「物死」に近づき、活動は停止することになるからである（略）★[83]

★9.3 社会を熱化学機関として設計する

a. 汚染や破壊に対する政治的対策

（略）廃物による汚染や環境破壊から将来の生活への欲望を満たすため、毒物になる資源の使用や開発を約束によって制限することが可能である。すなわち、個人の倫理としての自粛から社会の倫理に格上げして、汚染と破壊にならないように申し合わせにより政治的に規制するのである。（略）

b. 汚染や破壊に対する経済的対策

（略）人間の欲望は貨幣に対する経済欲望によって支えられている。したがって、経済政策によって人間の生産と消費の行為を抑制することもできる。その方法は、たとえば、料金、税金、さらに罰金である。たとえば、毒物等物品税として毒物になる物品について、生産、移動、使用、廃棄のいろいろな場面で税金をかける。ここで等というのは、毒物ではないが、処理困難な物品のことである。

　毒物でなく、単に処理に手間がかかる廃棄物については有料化も有効である。★[84]

　ここで槌田が取り上げている「政治的規制」の具体例は、フロン、PCB、放射能、ゴルフ場である。しかし、彼はこれらについて数量的なエントロピー解析を行っているわけではない。ここに示された政治的・経済的対策は、わざわざ第Ⅰ部でエントロピー論を詳しく展開しなければ導き出せないことなのか、筆者には疑問である。エントロピーを知らなくても言えるようなことに思えるのだが。

　吉岡の指摘の中で筆者が共感するもう１つのことは、「エントロピー倫理学」に対する懸念である。その箇所を以下に示す。

★一般社会の中に投げ入れられるや否や、科学理論がイデオロギーとして機能することは、科学の文化的権威がきわめて高い現代においては宿命のようなものだ。「エントロピー倫理学」の出現は避けがたい。
　しかし科学者自身がエントロピー倫理学の提唱者となるのは感心しない。たとえば槌田は、生命系の定常性に脅威を与えるような生き方は、エントロピーの法則という物理法則に矛盾するから駄目であるとして、物理法則を根拠に人間行動に規範を垂れている。★[82)]

さらに、吉岡は論文の末尾の注（7）でこう述べる。

★（7）エントロピー倫理学は、エコロジストの世界観に根拠のない「科学的」裏付けを与えているばかりではなく、物理学者に対しても、熱力学の環境問題への有効性に関する幻想をふりまいたようである。★[82)]

　それでは、幻想ではない「熱力学の環境問題への有効な適用」があるとすれば、それはどんなものだろうか。筆者にとって参考になったものを2つ挙げる。1つは太田岳洋の論文である[85)]。太田は、この中で泥質堆積物を対象とした掘削工事などに伴う掘削残土処分地からの浸出水について、水質の現状調査と溶出試験、熱力学的な解析による溶出試験の再現を試みた。その結果、溶出現象が熱力学的な解析により再現できることが判明し、浸出水の水質の長期的な予測ができることを確認した。
　もう1つは、水俣病の原因物質であるメチル水銀の生成機構を詳細に論じた西村肇らの著書である。この中で、彼らは反応器内で生成したメチル水銀が以下の反応で塩化メチル水銀となり、蒸発器で蒸発して精留塔ドレーンに移行したと考察した。さらに彼らは、この反応の平衡定数 $K=[CH_3Hg^+][Cl^-]/[CH_3HgCl]$ から、塩化メチル水銀の生成割合を定量的に推定した。

　　★ $CH_3Hg^+ + Cl^- \rightleftarrows CH_3HgCl$ ★[86)]

　すなわち、彼らは熱力学の重要概念の1つである化学平衡を適用し

たのである。

　このように、熱力学の定量的予測性が活かせるように系を適切に設定することが肝心だと筆者は思う。槌田は、熱力学の法則が森羅万象に適用可能な根源的原理だとの確信から、定常開放系論を打ち出したのではないか。だが、筆者にはそこに吉岡が危惧するのと同じ「エントロピー倫理学」の影がちらついて見えるのである。

　筆者の愛読書の1つに、フリーマン・ダイソンが書いた『叛逆としての科学』がある。この中で、ダイソンは還元主義の弊害について警告している。その箇所を以下に示す。彼は、ここで3人の著名な科学者、ヒルベルト、アインシュタイン、オッペンハイマーを取り上げている。

★科学界でもずば抜けて優秀で創造的な学者のなかに、想像力を思う存分羽ばたかせて重要な発見を成し遂げたあと、晩年になって還元主義の考え方に取り憑かれ、その結果、不毛の日々を送る者がいるのだから、不思議なものだ。ヒルベルトはこのパラドックスの最たる例だろう。アインシュタインもまた然りだ。（略）

　アインシュタインの最後の20年は、物理学全体を統一するようなひと組の方程式を探す、むなしい試みに費やされた。（略）彼の試みは、数学で同じことをしようとしたヒルベルトの試みと同じくらい不様な失敗に終わった。（略）晩年のオッペンハイマーは、まっとうな理論物理学者の関心に値する唯一の問題は物理学の基本方程式の発見であると信じていた。正しい方程式の発見だけが重要だった。正しい方程式さえ見つかれば、具体的な解の研究は、二流の物理学者か大学院生にでも任せておけば事足りるというわけだ。（略）こうしてオッペンハイマーとアインシュタインは還元主義の哲学によって道を誤った。物理学の唯一の目的が、物理現象の世界をひと組の有限の基本方程式に還元することであれば、（略）具体的な解の研究は全体的な目標からの好ましからざる逸脱となる。ヒルベルト同様、このふたりも具体的な問題をひとつずつ解いていくことには満足できなかった。彼らは根本的な問題をすべて一挙に解決するという夢に魂を奪われてしまった。その結果、ふたりとも晩年にはめぼしい問題は何ひとつ解決できなかった。★[87)]

エントロピー論者も、「具体的な問題」に対し、科学の様々な専門分野を適用して「ひとつずつ解いていくことには満足でき」ず、エントロピーで資源・環境に関する「根本的な問題をすべて一挙に解決するという夢」を追い求めているのではないか。筆者には、そう思えてならない。先に紹介した西村らの本では、触媒として用いられた無機水銀からメチル水銀が副成する生成機構、メチル水銀が環境へ排出された原因、またこれらのことがチッソの水俣工場で起こった理由を、プロセス工学、量子力学等を駆使してひとつずつ解明している。本来なら、このような解明は、環境への高い問題意識を有するはずのエントロピー論者によってこそなされるべきではなかったのか。それがそうならなかったのは、彼らが「還元主義」的なエントロピー論に陥ったからではないか、と筆者は想像する。
　エントロピー論者の一人、勝木渥はエントロピー的視点に立つ理由を次のように述べている。

★エントロピー的視点に立つ場合、いつも「系と環境とを含めた全体のエントロピー」で議論しようとするので、系だけでなく、その環境のことも常に意識される、という利点がある。私が自由エネルギー概念よりもエントロピー概念を愛する所以である。★[88)]

　たとえ環境のことが常に意識されようとも、まず系を正しく理解しなければ、次に系と環境の関係を正しく考察することはできないのではないか。そのために系に対して自由エネルギーを適用することが有効ならば、筆者はそうする。「系と環境とを含めた全体のエントロピー」で議論することで、系の環境に対する具体的な有害性・危険性を定量的に予測することが却って困難になるのではないか、ということを筆者は懸念する。
　系と環境の正しい理解とは、どういうことか。筆者はこう思う。たとえば、系をある反応容器内の現象とすると、まず容器内の主反応、副反応、触媒の変化、副触媒の役割、等について反応速度や化学平衡を解明する。次に、各生成物、触媒、副触媒が他の容器に移行したり、

大気や海水等の環境と接触したときの変化を定量的に予測する。これらの解明や予測に、熱力学その他の専門分野を適切に応用する。このようなことは、「自由エネルギー概念」ではなく「エントロピー概念」を愛する人間にしかできない、と勝木は考えているのだろうか。少なくとも、筆者には自由エネルギーを使うほうが容易である。なぜならエントロピーの場合、物と熱の両方を考えて、あとで合計しなければならないが、自由エネルギーではその必要がなく、しかも化学反応の平衡定数と直結しているからである。

　熱力学を環境の具体的な問題に適用する際に必要となるものは、エントロピー、エンタルピー、自由エネルギー等の熱力学データである。環境問題で起こりうる化学反応は極めて多種多様であり、また人間は新しい物質を開発して次々と世に送り出している。それに応じて、熱力学データも幅広い物質について用意しなければならない。筆者は、熱力学データの拡充は準国家的事業くらいの規模でやってもよいのではないか、と考えている。筆者が過去に熱力学データを集めたとき、そのデータを公表しているのは大抵欧米の研究者や研究機関だった。筆者は、欧米人の蒐集力に感心し、彼らの蒐集への意欲に畏敬の念すら覚えた（彼らの美術蒐集の歴史には倫理的疑問も感じるが）。同時に、日本人は単に彼らが蒐集したものを利用するだけでよいのか、と思った。日本人も、熱力学データのような基礎的科学情報の蒐集・発展に貢献すべきではないか。熱力学データの集大成は、日本だけでなく人類にとっても科学的財産となりうる。筆者は、「高い山を築くには、広いすそ野が必要である」という言葉が好きである。高度な成果を達成するためには、広大で堅固な基礎が不可欠である。日本人がノーベル賞を受賞したとき（だけ）の国民的な興奮を見ると、筆者はむしろ「基礎の地道な積み上げをおろそかにしてはならない」と強く感じる。

　では、熱力学データの蒐集・発展はどのようにやるのか。たとえば、ある業界について、その業界の企業や大学関係者等からなる協会（鉄鋼業界なら鉄鋼協会）を中心として、その業界に関する原料、資材、製品、副生物、廃棄物を対象として、これらを構成する物質の熱力学データを蒐集し、インターネットで自由にアクセスできるようになると大変

望ましい。物質は、まずは既に世の中に公表されたものを対象とする。データの出典はどの文献か、データは実測値か推算値かを明記する。データがない物質については、データを実測または推算する。その際の条件も明記する。このような作業を、熱力学と関連のある業界全てについて行なう。

おそらく、このような作業は企業にとって「余計な仕事が増える」という反感を招きやすいだろう。企業をいかに説得するかがポイントになる。やはり、企業にとってのメリットを強調することが必要だろう。例えば、ある企業では原料AとBを反応させて製品Cを造っているとする。

$$A+B \rightarrow C \quad (14)$$

企業がコスト削減のためBの代わりにより安価なDが使えないだろうかと考えたとき、(15)式の化学反応が起こるかどうかが決め手となる。

$$A+D \rightarrow C \quad (15)$$

この反応が起こり得るかどうかは、実験をしなくとも(15)式の自由エネルギー変化$\varDelta G$を熱力学データから計算により知ることができる。$\varDelta G<0$ならば、反応は起こり得る。ただし、どれだけの速さで反応が進むかは、一般に実験しないと分からない。それでも、その実験のための候補物質を絞り込むことができるので、検討期間短縮が可能となり、メリットが大きい。

あるいは、ある企業の廃棄物に含まれる物質をX、大気や海水中の物質をY、ある有害物質をZとする。もし(16)式の化学反応が起こりうるならば、Xをそのまま環境中に放出することはできない。

$$X+Y \rightarrow Z \quad (16)$$

これも、$\varDelta G<0$かどうかを調べることで、事前に判別が可能となる。(16)式の反応が起こらないように、予めXを安定化させる方法も熱力学データで調べることができるだろう。

それでも各業界がなかなか重い腰を上げてくれない場合は（その可能性は高いが）、熱力学の有用性を理解した環境NGO・NPOが、各業界の協会や大学、あるいは国会議員、文部科学省、経済産業省、環境省等に働きかけることが必要になるかもしれない。そのような環境

NGO・NPOが、まずは退職した理系中高年を積極的に受け入れて、熱力学に親しむことを期待する。

　ところで、吉岡が問題点を指摘した「エントロピー学」は、当時（1986年頃）の物理学者に影響を与えただけでなく、最近では物理学者の他にも著名な人々に影響を与えているようである。筆者の目に留まったいくつかの例を以下に示す。

①柄谷行人『世界史の構造』岩波書店　2010年
★もっと根本的にいえば、地球環境は、大気循環と水循環を通して、窮極的にエントロピーを廃熱として宇宙の外に捨てることによって、循環的なシステムたりえている。この循環が妨げられれば、廃物あるいはエントロピーが蓄積されてしまう。人間と自然の「物質代謝」は、地球全体の「物質代謝」の一環として存在する。人間の生活は、このような自然の循環から資源を得て、廃物を自然の循環の中に返すかぎりにおいて維持できる（14）。★[89]
★（14）地球を熱機関としてみる見方は、エントロピー論を開放定常系において考えた槌田敦の考えにもとづく（『熱学概論 - 生命・環境を含む開放系の熱理論』朝倉書店　1992年）★[90]

②山本義隆『熱学思想の史的展開3』筑摩書房　2009年
★太陽からエネルギーを得ている地球は、熱エントロピー（Y）を水循環と大気上空での熱輻射によって直接に地球外に捨てている。これが槌田の言う定常開放系の意味である★[91]
★地球は高温で熱を得て低温で熱を捨てるサイクルを行っているが、その作動メカニズムは地球表面における水循環にある。つまり地球は太陽から得た熱を、平均約15℃の地表と海面での水の蒸発の際に気化熱として水蒸気に与える。この蒸気は上昇のさいに断熱膨張により上空で約 -20℃まで冷却され、そこで水分子の振動によりそのエネルギーを熱輻射としてふたたび地球外に捨て、水は降雨により地表に戻る（略）★[92]
★地球は太陽から温度 $T \cong 15$℃$\cong 290$K で熱 q を受け取るがそれを蒸気が持ち去る上空の温度 $T' \cong -20$℃$\cong 250$K で捨てる。この場合の地

球のエントロピー収支は $\varDelta S = q/T - q/T' < 0$ となり、地上の非可逆過程で発生した余分なエントロピーを減少させることができ、こうして生活環境が維持されるのである（略）★[93]

③広井良典『グローバル定常型社会』岩波書店　2009 年
★開放定常系（または定常開放系）とは、地球というシステムの理解に関して物理学者の槌田敦らが先駆的に展開した議論で（槌田［1982］、室田［1979］等）、それは以下のように要約されるものである。

……地球はどのような意味で開放定常系なのであろうか。簡単にいって、地球は、地表において太陽から一定量のエネルギー Q を高温 T_1 で受け取り、同量のエネルギー Q を大気圏上層部から低温 T_2 で宇宙空間に放出し、この温度差を通じてエントロピーを系外に捨てる熱機関である、というのがその答えである。……私たちは、ソディが、大気圏における水の循環を蒸気機関になぞらえて説明し、太陽エネルギーを有益なエネルギーに変換するこの壮大な熱機関に注目したことをみたが、この水の循環こそ地球を開放定常系に保ってきた理想的な熱機関なのである。（室田［1979］）★[94]
★槌田敦（1982）『資源物理学入門』日本放送出版協会★[95]
★室田武（1979）『エネルギーとエントロピーの経済学』、東洋経済新報社★[96]

④安冨歩『原発危機と「東大話法」』明石書店　2012 年
★ではなぜ、ありとあらゆる変化がエントロピーを増大させているというのに、地球表面のエントロピーが極大化しないのでしょうか。それは、出てきた廃熱が、大気や水の対流を通じて成層圏にまで運ばれ、宇宙で冷やされているからです。太陽が燦々と地表面に降り注いで熱を与え、それを大気循環・水循環で宇宙に捨てる、という現象が生きているので、地上に熱が留まってすべての活動が停止する、という「熱的死」が起きないで済んでいます。

　さらに廃物はどうなっているかというと、生態系が処理して熱に変換しています。植物を動物が食べ、その排泄物を微生物が解体し、そ

れを植物が利用して、という形の物質循環が形成されており、その過程で、廃物のエントロピーがすべて熱に変換されています。その熱もまた、水の対流によって宇宙に捨てられているのです。

　かくて地球全体の水循環がエントロピーを宇宙に捨てていることが、地球環境を支える大前提です。この巨大な循環をエンジンとして、大気などの物理的循環が形成され、それと相互依存する形で、生態系を通じた物質循環が形成されています。★[97]

★槌田敦（1992）『熱学外論 - 生命・環境を含む開放系の熱理論』朝倉書店
　槌田敦（2007）『弱者のための「エントロピー経済学」入門』ほたる出版★[98]

　どうもこれらの著者たちは、定常開放系論を科学界ですでに認められた正論とみなし、かつてこれがさまざまな批判を受けたことなどなかったかのごとくである。彼らは、そのような批判の中身を理解した上で、それでも定常開放系論を正しいと評価しているのだろうか。筆者は、定常開放系論を疑問視しており、本章でその理由を解説した。科学は、まず個々の問題を解明すべきと思う。

補足（高炉のモデル化）

　高炉内の現象に自由エネルギーを適用してよいのか、まだ疑問に思う読者がおられるかもしれない。これについて、大谷正康の本[99]を参考にしながら筆者の考えを整理してみた。

　図6は、高炉のモデル化図である。図6で、系はるつぼ内の気相、液相、固相、外界はるつぼ壁、可動ピストン、熱源、るつぼ～れんが間の空間（不活性気体が充満）である。れんがの外は、常温の環境である。環境温度は t_0、系と外界の温度は t_1 である。鉄鉱石の還元は、るつぼ内の系で行なわれる。系＋外界が、高炉内部をモデル化したものである。系＋外界と環境の間で、物質のやりとりはない。系と外界の間で、物質のやりとりはないが、熱のやりとりはある。以下で、系＋外界と環境の間で、熱のやりとりがどの程度かを調べる。

　最初は $t_1=t_0$ だが、熱源により t_1 が上昇し、ある温度に保持される。

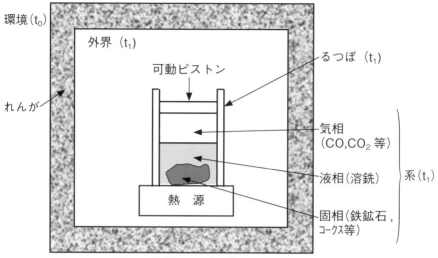

図6　高炉のモデル化図

この状態で、鉄鉱石の還元反応が平衡に達し、溶けた銑鉄すなわち溶銑が生成される。系＋外界の容積は高炉容量に等しく、外界は立方体とする。系＋外界の容積（＝高炉容量）を5000m³とする[100]。t_1=1500℃[101]に保持される。現実の出銑量は12000t/day[101]＝500t/hrなので、これだけの溶銑が系内で生成されるとする。れんが厚 ℓ =880mm[102]＝0.88m、れんがの熱伝導度 λ =1.05kcal/mhr℃[103] とする。溶銑の比熱 Cp=10cal/mol℃[104]＝0.179cal/g℃＝0.179kcal/kg℃とする。

溶銑熱量をW、れんがを通して熱伝導で失われる熱量をLとし、WとLを比較する。計算を簡単にするために、環境温度 t_0=0℃とする。

W=500t/hr × 1000kg/t × 0.179kcal/kg℃ × 1500℃
　＝1.34 × 10⁸kcal/hr

外界を立方体としたので、れんがの内表面積は A=6×(5000)^(2/3)m² である。これより、

L={ λ A (t_1-t_0) / ℓ }[105]
＝1.05 × 6 × (5000)^(2/3) × (1500 − 0) /0.88
＝3.14 × 10⁶kcal/hr

L/W=0.0234

溶銑熱量のわずか2%程度が熱伝導で失われるにすぎない。した

がって、系＋外界と環境の間では、物質だけでなく、熱のやりとりもないと見なすことができる。つまり、孤立系として取り扱うことが可能である。すなわち、図4の宇宙全体（孤立系）が図6の系＋外界に相当する。これは、図4以降で示した自由エネルギーの導入を図6の系＋外界にも適用できることを意味する。

引用文献
1) 槌田敦『石油と原子力に未来はあるか』p.212~213　亜紀書房　1978年
2) Newton別冊『みるみる理解できる天気と気象増補改訂版』p.16　ニュートンプレス　2011年
3) 同上　p.34~35
4) 同上　p.32~33
5) 槌田敦『石油と原子力に未来はあるか』p.211　亜紀書房　1978年
6) 原田義也『化学熱力学（修訂版）』p.87~88　裳華房　2002年
7) 槌田敦『資源物理学』p.162~163　日本出版放送協会　1982年
8) 同上　p.160
9) http://blog.livedoor.jp/climatescientists/archives masudako 「気候変動・千夜一話」2010年10月17日　温室効果は熱力学に反しません。下向き放射は存在します。
10) 槌田敦『資源物理学』p.161~162　日本出版放送協会　1982年
11) 江守正多『地球温暖化の予測は「正しい」か？』p.29　化学同人　2008年
12) 同上　p.21
13) 同上　p.20
14) 同上　p.22
15) 槌田敦『資源物理学』　p.166~167　日本出版放送協会　1982年
16) 田近英一監修『地球・生命の大進化』p.86~88　新星出版社　2012年
17) 同上　p.126~131
18) 田近英一『大気の進化46億年 O_2 と CO_2 －酸素と二酸化炭素の不思議な関係』p.61~64　114~145　技術評論社　2011年

19）高橋正立「資源・エントロピーと経済学-槌田敦'資源物理学の試み'への疑問」『科学』Vol.51　No.9　p.581~587　1981年
20）槌田敦『エントロピーとエコロジー-「生命」と「生き方」を問う科学』p.71~73　ダイヤモンド社　1986年
21）同上　p.20
22）Newton別冊『みるみる理解できる天気と気象増補改訂版』p.16~17　ニュートンプレス　2011年
23）原田義也『化学熱力学（修訂版）』p.75　裳華房　2002年
24）同上　p.76
25）槌田敦『エントロピーとエコロジー-「生命」と「生き方」を問う科学』p.19　21~22　23　26　27　ダイヤモンド社　1986年
26）槌田敦『熱学外論-生命・環境を含む開放系の熱理論』p.128~129　朝倉書店　1992年
27）浅野正二『大気放射学の基礎』p.56~57　朝倉書店　2010年
28）同上　p58
29）同上　p.38の図2.7（b）より、筆者が読み取った。
30）頼実正弘ら『化学工学』p.307の（7・149）式　培風館　1975年
31）槌田敦『熱学外論-生命・環境を含む開放系の熱理論』p.58　朝倉書店　1992年
32）槌田敦『エントロピーとエコロジー-「生命」と「生き方」を問う科学』p.24　ダイヤモンド社　1986年
33）大谷正康『鉄冶金熱力学』p.28~29　日刊工業新聞社　1971年
34）原田義也『化学熱力学（修訂版）』p.88~89　裳華房　2002年
35）槌田敦『熱学外論-生命・環境を含む開放系の熱理論』p.74~75　朝倉書店　1992年
36）新日本製鉄『鉄と鉄鋼がわかる本』p.42~43　日本実業出版社　2004年
37）日本鉄鋼協会編『第3版　鉄鋼便覧II　製銑・製鋼』p.288　丸善　1979年
38）川岡浩二ら「新日本製鐵における最近の高炉改修技術」『新日鉄技報』No.384　p.116　2006年
39）槌田敦『熱学外論-生命・環境を含む開放系の熱理論』p.70　朝

倉書店　1992年
40) 平山令明『熱力学で理解する化学反応のしくみ』 p.138　講談社　2008年
41) 槌田敦『熱学外論 - 生命・環境を含む開放系の熱理論』p.59~60　朝倉書店　1992年
42) 新日本製鉄『鉄と鉄鋼がわかる本』p.41　日本実業出版社　2004年
43) 瀬川清『鉄冶金反応工学』p.188　日刊工業新聞社　1969年
44) 新日本製鉄『鉄と鉄鋼がわかる本』p.50　日本実業出版社　2004年
45) D.R.Stull et al. "JANAF Thermochemical Tables SECOND EDITION"p.790（Fe_2O_3）435（CO）792（Fe_3O_4）437（CO_2）785（FeO）774（Fe）359（C）Nat.Stand.Ref.Data Ser. Nat.Bur.Stand.(U.S.)　1971
46) 大谷正康『鉄冶金熱力学』p.159　日刊工業新聞社　1971年
47) 勝木渥「エントロピー的視点から見た地球生物」『別冊経済セミナー　エントロピー学会第一回シンポジウム　エントロピー読本』p.102~103　日本評論社　1984年
48) 原田義也『化学熱力学（修訂版）』p.96~98　裳華房　2002年
49) 『岩波 理化学事典 第5版』p.313　岩波書店　1998年
50) 頼実正弘ら『化学工学』p.517　培風館　1975年
51) 大谷正康『鉄冶金熱力学』p.222　日刊工業新聞社　1971年
52) 例えば、鉄鉱石の還元については、同上　p.158~160
53) 由比宏治『化学熱力学入門』p.126~129　オーム社　2013年
54) 槌田敦『熱学外論 - 生命・環境を含む開放系の熱理論』p.68~69　朝倉書店　1992年
55) 大谷正康『鉄冶金熱力学』p.34　日刊工業新聞社　1971年
56) 由比宏治『化学熱力学入門』p.191　オーム社　2013年
57) 平山令明『熱力学で理解する化学反応のしくみ』p.180~181　講談社　2008年
58) 槌田敦「生命を含む系の熱学」小野周ら編『エントロピー』p.50　朝倉書店　1985年

59) ムーア著　藤代亮一訳『物理化学（上）第4版』p.366~367　東京化学同人　1974年　あるいは妹尾学『不可逆過程の熱力学序論』p.94~95　東京化学同人　1964年　なお後者ではキュリーの定理と表記されている。
60) 松本順一郎他『下水道工学（第3版）』p.85　朝倉書店　2001年
61) 同上　p.88
62) 佐藤昌之『下水道工学』p.223　丸善　1980年
63) アンドリューズら著　渡辺正訳『地球環境化学入門 改訂版』p.38　シュプリンガー・ジャパン　2005年
64) バーロー著　野田春彦訳『生命科学のための物理化学　第2版』p.377~381　東京化学同人　1983年
65) 大谷正康『鉄冶金熱力学』p.223　日刊工業新聞社　1971年
66) 槌田敦『熱学外論 - 生命・環境を含む開放系の熱理論』p.133　朝倉書店　1992年
67) 同上　p.96
68) 特に、同上　p.62~63、p.96 の図5.2 など
69) 同上　p.97
70) 同上　p.97~98
71) 同上　p.98~99
72) 同上　p.64~65
73) 園池公毅『光合成とは何か 生命システムを支える力』p.149~152　講談社　2008年
74) 武田友四郎ら「作物の物質生産と水　第1報　トウモロコシ葉における光合成と蒸散との関係」『日本作物学会紀事』Vol.47　No.1　p.82~89　1978年
75) ホール ラオ著　金井龍二訳『光合成』朝倉書店　1980年
76) 同上　p.51
77) 同上　p.19
78) アトキンス著　斎藤隆央訳『万物を駆動する四つの法則』p.126　早川書房　2009年
79) ホール ラオ著　金井龍二訳『光合成』p.75~76　朝倉書店　1980年
80) 同上　p.55

81) エントロピー学会誌『えんとろぴい』1号　1984年～10号　1987年
82) 吉岡斉「科学史家からみたエントロピー学-槌田理論のアセスメントを中心として」『エントロピー読本Ⅲ』p.55~64　日本評論社　1986年
83) 槌田敦『熱学外論-生命・環境を含む開放系の熱理論』p.179　朝倉書店　1992年
84) 同上　p.181~183
85) 太田岳洋「泥岩掘削残土からの酸性水・有害元素の溶出持続性評価」『鉄道総研報告』Vol.24　No.5　p.41~46　2010年
86) 西村肇　岡本達明『水俣病の科学』p.291~293　日本評論社　2001年
87) ダイソン著　柴田裕之訳『叛逆としての科学』p.20~23　みすず書房　2008年
88) 勝木渥『物理学に基づく環境の基礎理論-冷却・循環・エントロピー』p.253~254　海鳴社　1999年
89) 柄谷行人『世界史の構造』p.28　岩波書店　2010年
90) 同上　p.471
91) 山本義隆『熱学思想の史的展開3』p.208　筑摩書房　2009年
92) 同上　p.327
93) 同上　p.335
94) 広井良典『グローバル定常型社会』p.137　岩波書店　2009年
95) 同上　p.213
96) 同上　p.214
97) 安冨歩『原発危機と「東大話法」』p.247~248　269　明石書店　2012年
98) 同上　p.269
99) 大谷正康『鉄冶金熱力学』p.11~12　日刊工業新聞社　1971年
100) 日野光兀「基礎学問「鉄冶金熱力学」のすすめ」『ふぇらむ』Vol.17　No.7　p.478　2012年
101) 新日本製鉄『鉄と鉄鋼がわかる本』p.46　日本実業出版社　2004年

102) 秋月英美ら「水島2高炉シャフト上部プロフィール修復工事」『鉄と鋼』Vol.72 No.12 S926 1986年
103) 頼実正弘ら『化学工学』培風館 1975年 p.497でシャモットレンガは400℃でλ=0.58~0.65 1200℃でλ=0.98~2.0。400℃と1200℃でλの中間値は 各々0.615と1.49。これらの平均値はλ=1.05。
104) 大谷正康『鉄冶金熱力学』日刊工業新聞社 1971年 p.202の{Fe}すなわち溶鉄の比熱を用いた。
105) 頼実正弘ら『化学工学』p.249の（7・3）式 培風館 1975年

第3章　エントロピー論者の方法論

　持続可能社会を実現するためには、単に「どういう社会にすべきか」というだけでなく、「それをどのように実現するか」が問題である。すなわちプロセスの問題である。持続可能社会を一種の計画経済的に実現・運営するのか、それとも諸個人・諸団体の協業によるのか。持続可能社会実現の担い手は、そもそも誰か。市場を通して実現するのか、それとも市場を通さずにか。あるいは市場を「啓蒙」、「改良」、「誘導」するのか。それらは、どうすればできるのか。

　市場を通さないのなら、どうするのか。NPO、NGOを通してか。市場を通さない場合、議会や行政を介し法律・条例・行政指導によって実現するのか。あるいは、市民、消費者、生産者の意識を変えることによるのか。意識を変えるには、どうすればよいのか。社会制度の大掛かりな変更を優先するのではなく、日常レベルで持続可能社会を目指して、改善を積み重ねるのか。日常レベルの地道な努力と大掛かりな制度変更のバランスをどのようにとればよいのか。大きな抵抗勢力になることが予想される社会的強者を、いかにして持続可能社会へ導くのか。一般市民は、どの方向へどのように第一歩を踏み出せばよいのか。専門家と非専門家はどのように連携すべきか。

　一国だけで持続可能社会を築くのか、それとも多国間で協同して築くのか。前者と後者で、他国との貿易その他の交流は、それぞれどのように変化するのか。

　このような疑問に対する答えを筆者は知りたいのである。結論を先に言ってしまうと、残念ながら、これらの疑問に対する答えをエントロピー論者の著作から見出すのは、なかなか困難だった。とりあえず、以下では筆者の目に留まった記述を紹介して、筆者のコメントを添えることにする。前章と同様に、★で挟まれた文章が当該記述である。

　ここで取り上げるエントロピー論者は、槌田敦、室田武、河宮信郎である。

3.1　槌田敦『石油と原子力に未来はあるか』1978年

★（略）今ならまだ、薪の時代へ戻ることが可能だと思う（略）石油は、人類にとって最高に良質の資源だったわけですが、今後これに頼ることができないとすれば、原子力という汚染を拡大する道に進むか、それとももう一度薪の時代に戻るということを決意する以外にないのです。（略）薪の時代に戻るという提案は、多分、今、受け入れがたい提案だと思います。（略）しかし、それは薪の時代ということばに誤解がある。われわれはわれわれの祖先とは違う。（略）科学も進歩したし、いろんな物の見かたということも学んだ。そうすると薪の燃やしかたが、昔の時代は非常にへたくそだということに気がつく。（略）薪の燃やしかた、燃やす技術、これは、いろりの薪の燃やしかたとは違う。われわれがその新しい技術をつくれるという自信を持たないでどうするか。そこに科学がある。★[1]

　こういうあたかも教祖のごとき二者択一を迫るのは、どうも違和感を覚える。「テロリスト」への攻撃を疑問視する者は「テロリスト」と同類だ、という言説を連想させる。筆者自身は、脱原発に賛成であるが、だからといって、いきなり「薪の時代」を実現することが可能だろうか。「原発反対だろ、だったら薪じゃないか」で済む話なら、誰も苦労はしない。

　槌田自ら、あるいはエントロピー学会関係者が薪の新しい燃焼技術を開発したらどうか。薪の新技術を確立し、世間から「薪でこんなことまでできるのですか。すごいですね」と言われるくらいのことをやってほしいものである。

　実は、世の中では、薪あるいは木材の新しい燃焼技術がすでに報告されている。オーストリアのあるボイラーメーカーでは、木質ペレット用のボイラー（以下でペレットボイラー）を開発・販売している。木質ペレットは、かんなくずを円筒状に固めたものである。ボイラーメーカーの話では、以前作っていた薪ストーブは、燃焼効率が60%程度だったが、今のペレットボイラーは、92~93%の高い燃焼効率を実現し、灰も0.5%以上出さないことに成功した[2]、とのことである。

　日本でも、岡山県真庭市で、製材工場で発生した木くずで木質バイオマス発電を行ないほぼ100%工場で利用し、余った木くずを木質ペ

レットに加工し、ボイラーやストーブの燃料として利用している[3]。
　また、広島県庄原市のでは、ロケットストーブを小型に改良したエコストーブに木の枝をくべてご飯を炊き、電気代を節約している人がいる[4]。木質ペレット製造者は、「それで原子力発電がいらなくなるのか」という議論に対して、次のように述べる。

★「原発1基が1時間でする仕事を、この工場では1ヶ月かかってやっています。しかし、大事なのは、発電量が大きいか小さいかではなくて、目の前にあるものを燃料として発電ができている、ということなんです」★[5]

　エコストーブ利用者は、原発と対比してこう語る。

★「『エコストーブを作ったくらいで原発が止まるの？』という言い方をする人がいます。特にマスコミで取り上げられたりして、僕たちが大々的にやればやるほど、そういうことをいう人がいます。かつての私なら『できる』と言っていたかもしれませんが、このごろは『できません』と答えるようになりました。でも、楽しみながら『笑エネ』、笑いのエネルギーを生み出してくれる力がエコストーブにはあると思います」★[6]

　筆者は、ここで紹介した人々が、無理に背伸びせず現実に向き合っていることにとても共感を覚える。「原発か薪か」よりも、原発包囲網を築くためのカードを着実に増やしていくほうが現実的ではないか。
　なお、ロケットストーブは、1980年代にアメリカで発明されたが、大きなドラム缶をベースにレンガを使って作られるため、持ち運ぶことができない[7]。ロケットストーブについては、石岡敬三の論文が参考になった[8,9]。このストーブは、ガスの通り道が初め水平だが途中で垂直に上昇する構造のため、上昇部で乱気流となり未燃焼ガスが酸素とよくミックスされ、燃焼が促進される[9]。このような「等身大の技術」領域にも、工夫の余地がまだいろいろとあることは重要な教訓だと思う。

現在の原発は、ウランを燃料とする核分裂方式である。重水素等を用いる核融合なら核分裂のさまざまな難点を克服できると考える人がいるかもしれない。槌田は、核融合についても鋭い問題提起をしている。彼の主張にこれまでいろいろと疑問を投げかけてきた筆者だが、彼の核融合批判には納得できる点もある。そのいくつかを以下に示す。

★実現性がもっとも高いといわれる核融合方式はトカマクである。これはドーナツ状の真空容器中のプラズマを電磁誘導などで1~2億度まで加熱し、重水素とトリチウム（T）を反応（DT反応）させようとする。★[10]

★核融合解説書では、今なお海水から採った重水素だけで核融合ができるかのように書いてあるものが多い。しかし、これはとんでもない誇大広告である。（略）

　DTトカマク炉では、次の二つの反応から成り立っている。

$D+T \rightarrow n+He+17.6MeV$
$n+^6Li \rightarrow T+He+4.8MeV$

　しかしこれを合成すると、n（中性子）とTは触媒の役割をはたしていることがわかる。つまり、

$D+^6Li \rightarrow 2He+22.4MeV$

　ところで、Dは容易に手に入るので、普通の燃焼での酸素ガスのようなものであり、燃料資源とはいいがたい。

　結局、^6Liだけが燃料なのである。リチウムは天然にあまり存在しない元素である。北アメリカ、その他に偏在している。埋蔵量はエネルギー資源として、ウランと同程度といわれている。日本には標本程度にしか存在しない。★[11]

★トリチウムがDTトカマク炉にとって、致命的欠陥であるもう一つの理由は、トリチウムの初期充填量の大きさにある。トカマクが巨大

であるため、どうしてもトリチウムは10kgほど用意しておかなければならない。この放射能は1億キューリーというとんでもない量である。

この10kgのトリチウムは、分裂炉でつくる以外にない。たとえば重水炉は年間230gのトリチウムを生産できる。ところでトリチウムは半減期12年で減っていくから、前もって生産しておくわけにはいかない。そこで、核融合炉建設に合わせて、10基の重水炉をいっせいに新設し、6年間フル運転し、やっと所定のトリチウムが得られる。このようにして得られたトリチウムは、重水の中に混在しているので、この分離に大電力が必要となる。

とくに注意しなければならないのは、死の灰である。その量は10基×6年分。ウランの消費量は数千トンに達する。何のための核融合というべきか。★ [12]

★このほかにも、DTトカマク炉の本質的欠点はたくさんある。(略)中性子による炉材料の放射化である。(略)中性子が大部分のエネルギーを背負って飛びだしてくるので、複雑な核反応によって、多種類の放射能物質が生ずる。そのため炉材料の損傷がはなはだしく(略)トカマク炉では、部分的に反応が進行し、制御できなくなる可能性がある。その場合、暴走して炉心溶融を引き起こすが、数千m^3の真空槽の爆発は、1億キューリーのトリチウムの放出を意味する。★ [13]

槌田のこの論文が最初に公表されたのは、1976年の『金属』12月号である。論文のタイトルは、「核融合の夢と現実」である。核融合の燃料は重水素だけではなく、三重水素(トリチウム)とリチウムであること、またトリチウムは入手が容易ではなく放射性物質であること、などは筆者にとって大きな驚きであり、核融合に対する期待を改めることにつながった。

M. モイヤーは、『Scientific American』2010年3月号に「Fusion's False Dawn」というタイトルで核融合に関する記事を公表した。その日本語訳が『日経サイエンス』2010年6月号に掲載された[14]。この中でモイヤーは、投入したエネルギーと核融合反応による生成エネルギーが同じで収支とんとんになる「ブレークイーブン」を越えるこ

とが近く可能になる見込みだが、なお核融合にはいくつかの大きな問題点があることを指摘する。それらの中で、槌田の主張と関連するものは次の項目である。

①トリチウムの製造
②中性子照射による炉材料の放射能化・脆弱化
③プラズマの不安定性

槌田は、DT トカマク炉で起こる 2 つの反応がそれぞれ炉のどこで起こるか述べていないが、モイヤーによれば、トリチウムを作る反応は炉心ではなく、炉を囲むブランケットという部分で起こる。このブランケットには、大変高度な機能が要求される。一部の中性子から必要量のトリチウムを効率よく生成すると同時に、他の中性子のエネルギーを熱に変換して蒸気タービンを回し発電する。さらに、中性子にさらされても脆弱化による寿命低下を回避しなければならない。このようなブランケットがはたして技術的に可能なのだろうか。もし可能だとしても、技術確立までにどれだけの時間と費用がかかるのか。また、技術は確立したとしても、経済的に成り立つのだろうか。筆者には、大いに疑問である。

プラズマの不安定性について、モイヤーは核融合炉の暴走・爆発に直接言及していない。しかし、モイヤーの記事によると、これまで約 60 年間の研究で核融合プラズマを保持した最高記録は 1 秒以下である[14]。それほどプラズマの保持は困難を伴う。現在進行中の国際的研究（国際熱核融合実験炉 ITER）で、保持時間の目標は数十秒である[14]。すなわち過去の最高記録の数十倍を目指しているのだ。さらに商業炉では、四六時中の連続運転が要求される。数十秒から四六時中へは、大変な飛躍ででではないか。それとも、研究者たちは「数十秒が達成できれば、四六時中はその単純な延長だ」と考えているのだろうか。なお、別の文献によると、ITER ではエネルギー増倍率 $Q \geq 10$ を 300~500 秒間持続することが目標となっている[15]。ここで、$Q=$（核融合出力／外部加熱入力）である[16]。

仮に苦労して商業炉までたどり着いたとしても、発電コストは一体どれくらいになるのだろうか。ある核融合の本によれば、核融合発電出力の一部は核融合炉の運転に回される[16]。だが、発電出力を必要

とするのは、それだけではないはずだ。たとえば、重水素とリチウムの精製である。海水 $1m^3$ 当たり、重水素は 33g 存在する [17]。また、海水中のリチウム濃度は $0.17mg/\ell$ であり [18]、$1m^3$ 当たりでは 0.17g である。これらの元素を、抽出・濃縮・加工するために、電力を投入しなければならない。しかも、リチウムは単に濃縮するだけでは不十分らしい。リチウムには、リチウム6とリチウム7という同位体がある。核融合炉に必要なのはリチウム6で、リチウムのうち約10%しか含まれていない [19]。したがって、2つの同位体を分離するためのエネルギーも必要である。

さらに、中性子増倍材料としてベリリウムが必要と考えられている [20]。ベリリウムの原料となる代表的な鉱石は、緑柱石（$3BeO \cdot Al_2O_3 \cdot 6SiO_2$）、フェナス石（$2BeO \cdot SiO_2$）、金緑玉（$BeO \cdot Al_2O_3$）である [21]。だが、これらの鉱石が枯渇したらどうするのか。リチウムと同様に、海水から精製するのか。ベリリウムの海水中の濃度はわずか $10^{-4}mg/t$ オーダーである [22]。河川水中では、0.017ppb（mg/t）という値が報告されている [23]。いずれにしても、きわめて微量である。このほか、中性子照射によって放射能化・脆弱化した炉設備材料を製造・更新し、古い材料は安全・適切に処理しなければならない。これらのことにもエネルギーが必要である。

このような問題点を抱える核融合に対して、我々はどう対処すればよいのか。エントロピー論者なら、「そんなのやめとけ」と言うだろう。一方、核融合推進派は、「ここでやめたら、今までやってきたことがすべてむだになる」とか「現在、国際的な研究体制に参加しているので、日本だけが途中で離脱するわけにはいかない」と言うだろう。あるいは、「日本がやめても、○○国は続けるだろう。もし完成したら、日本は○○国の後塵を拝することになる。それでもよいのか」と言うかもしれない。

筆者は、科学技術に精通し核融合に中立的な人々からなる第三者委員会を立ち上げ、そこで冷静に審議すべきではないかと思う。その場で、推進派と懐疑派の主張を聴き、経済性についても十分に検討して、進むべき方向を示すのである。核融合は、どうも「究極のエネルギー」[24] とか「夢のエネルギー」[25,26] などと呼ばれることが多いようだ。しかし、

本当に中身がそうなのか、安全で化石燃料等に頼らず自立的で資源的制約がないのか、よく検証すべきだろう。

「薪に戻れ」と主張する槌田だが、ほかの再生可能エネルギーのことはどう考えているか。たとえば、彼は太陽エネルギーについて、次のように述べている。

★ところが、太陽エネルギーの場合、物理価値は高いのだが、その利用に関して発生するエントロピーが大きく、実用価値は高いとはいえない。植物の同化作用でも、太陽エネルギーのせいぜい10%、平均では1%程度しか利用できない。残りはすべて低温熱として廃棄することになる。★ [27]

★（略）非生物的な太陽エネルギー固定法について（略）、変換効率はせいぜい1%だから、日本での太陽エネルギー利用によって、石油文明を支えるだけのエネルギーを得ることは無理な相談である。

そして、現在検討されている太陽エネルギー固定法のすべては、石油を大量に消費することによって成立している。たとえば、半導体素子は石油の産物であるし（略）★ [28]

槌田は、太陽光発電のような非生物的な太陽エネルギー固定法も「変換効率はせいぜい1%」と言っている。1%以上にはならないという科学的根拠はあるのか。植物の同化作用でも、平均で1%の利用率だから、人間がそれを上回ることは不可能だと見なしているのか。だが、現在の太陽電池の主流となっている多結晶シリコン[29]では、変換効率が15~18%[30]である。彼は、これをどう考えるのか。槌田がこの本を書いた1978年時点では、1%の変換効率だったのかもしれない。しかし、それを越えることはできないという科学的根拠がないのならば、たとえば15%まで向上したらどういう世界が開けてくるのかを考察すべきではないか。太陽電池を化石燃料で造ったとして、変換効率がここまで向上したら、何年間の稼働で化石燃料がこれだけ節約できる、あるいは原発依存度がここまで低下できるという考察である。薪の燃やし方についてはもっと改善の余地があるはずだと言い、太陽エネル

ギーの利用についてはこれ以上よくはならないと考えているのなら、それは公平な姿勢とはいえない。

　槌田だけではなくエントロピー学会自身の再生可能エネルギーに対する姿勢にも、筆者は疑問を感じる。槌田は、エントロピー学会誌『えんとろぴい』で上記と同様のことを繰り返している。

★たとえば、太陽光発電の場合、半導体や関連機器の生産や設置に巨大な費用が必要だが、それは石油の消費でなされている。つまり、余計にCO_2を放出することになっている。★ [31]

　この後、『えんとろぴい』で太陽光発電を含む再生可能エネルギーが特集として取り上げられるのは、ようやく2010年の68号になってからである[32]。しかも、この特集の中で、太陽光発電に対する槌田の批判が議論されているようには見えない。槌田がかつて「無意味だ」と断定した太陽光発電は、いつの間にエントロピー学会では「意味がある」ことになったのだろうか。なお、この特集に槌田は寄稿していない。彼がエントロピー学会を脱会したこと[33]と関係があるのか、筆者には不明である。

　この特集では、当時の余剰電力買取制度に代えて、全量買取制度すなわちFIT（Feed in Tariffs）の導入を主張する論文が目立つ[34,35,36]。確かに、全量買取制度は、再生可能エネルギーの拡大を促進するだろう。実際、この特集が『えんとろぴい』に登場してから2年後の2012年7月に、日本でもFITが始まり[37]太陽光発電の普及が進んでいる[38]。だが、筆者はエントロピー学会に一歩先のことを議論してほしいのである。それでこそ、★環境問題を根本から見据える活動★[39]と言えるのではないか。たとえば、太陽電池のリサイクルについてである。太陽電池の素材は、シリコン系、化合物系、有機系の3系統があり、さらに各系統の中にいくつかの分類がある[40]。これらは、それぞれリサイクルにおいてどのような問題を抱えているか、耐久性とリサイクル性からどんな太陽電池が推奨されるのか、ぜひ明らかにしてほしい。

★農業は自然の破壊者だという説がある。自然を破壊する現代文明の

原型は農業とともに始まった。(略)現代文明も農業によって土を破壊している。東京付近では、野菜産地がどんどん移動している。病気の発生で野菜がとれなくなってきているのである。この表面的な理由は、単一種の野菜ばかりつくることがあげられているが、根本的原因は売る農業だったからである。土へ入れるのは石油製品で、土からとりだすのが単一農産物であれば、土中の微生物系は歪んでしまう。(略)

では、農業の何がいけなかったのか。それは農を業としたことにある。農産物を売って生計を立てるということにまちがいがあったのである。最近のハウス農業のように、まったく工場化してしまえば、土は完全に死んでしまう。(略)

農を業とすることが成立するのは、別に消費者というものが存在するからである。この生産者と消費者の分離が、現代文明の基盤であり、またこれが地球から土を失わせる主たる原因となっている。土が失われれば人間は生きられない。

したがって、将来の社会では、石油に頼れない以上、農に関するかぎり、分業は全面的に否定する形になるほかはない。たとえば、一日の労働のうち半分を使って自分の食料は自分でつくる。残りの半分は工業や商業や林業や漁業やその他サービスに使う。このような生活は自然を破壊しないし、石油を用いる必要もない。(略)

ここで、江戸時代に帰るのかという非難があるだろう。しかし、条件は二つ違う。一つは農の仕組の理解、つまり農業技術が江戸時代と違う。もう一つは、当時生産した米は全部領主に取り上げられたという事情がある。(略)

工業は村の鍛冶屋に引き戻す。そして地域の需要に応えることを主な目的とする。(略)労働者は各自、食糧自給であるから、失業問題など発生することはない。

鉄、塩などは、地域内自給の困難な原料であるから、交換経済を完全に否定する形にはなり得ないが、現在の石油文明のような浪費はなくなるから、大企業は不要となる。★[41]

分業を否定するということは、結局は専門家を否定することになるのではないか。一日の労働のうち食糧自給以外の時間にしか自分の専

門職に従事できないわけだから、一日中1つの専門職に専念するという意味での専門家はほとんど成立できなくなるだろう。だが、本当にそれでよいのか。急患が発生しても、医師や看護師が畑仕事の真最中とか、刑事事件が起こっても警官が船で漁に出ていた、ということになったら問題ではないか。また、各専門分野の発展も停滞するのではないか。

　確かに、専門分野の細分化と自分の専門しか分からない専門家の増加は大きな社会問題である。理系の専門家同士でも、専門分野が異なると会話が困難になる。専門家と一般市民との乖離もますます顕著になっている。さらに、専門家といっても玉石混交である。だからといって、分業の否定による専門家の消滅は望ましいことだろうか。ある専門分野について、少なくとも何が明らかであり、何が解明・開発中なのかを明瞭・的確に答えられる専門家は、当面必要だと筆者は思う。そのような専門家が存在すれば、その専門分野が今後どのように発展すべきか正しく議論することが可能になる。

　専門家という言葉をプロと言い換えてもよい。本物のプロがいない社会で、我々は安心して暮らせるだろうか。プロが高度な技術、強い責任感、健全な懐疑心を持って1つの職務を全うし、一般市民はその成果を一定程度信頼しつつも盲信せずに享受する。今は必ずしもそうなっていないことが問題であり、この点を是正することが肝心だと筆者は考える。分業の否定というのは、方向が違うのではないか。分業ではなく、個人が「あれもやり、これもやり」で、はたして品質の高さが保証されるだろうか。専門家としての農家ではなく、素人が自分の食糧を作り、もしそれで本人が健康を害したならば、「自己責任」ということになるのだろうか。

　槌田は、「江戸時代に帰るのかという非難」に対して、現代は「農業技術が江戸時代と違う」と言っている。だが、その違いは農業の専門化による農業技術の進展によってもたらされたのではないか。分業を否定することによって、農業技術が停滞するだけでなく、これまでの成果さえも正しく継承されなくなるのではないか、ということを筆者は危惧する。

　なぜ過去において村の鍛冶屋から近代工業へと人間の活動様式は変

化したのか、その原動力や心情を理解しなければ、同じことの繰り返しになるだろう。それこそむだである。「より良いものが欲しい・造りたい」という人間の心情が変化の一要因になったのではないか。この心情をコントロールすることは、そう簡単ではない。この心情を分業否定社会と適合する方向においてのみ開放することが可能かどうかも、筆者には分からない。槌田は、この点をどう考えるのか。そもそもどうやって近代工業を村の鍛冶屋に引き戻すのか。法律かそれともその他の強制力か。また、地域の需要が自動車部品である場合、品質等について村の鍛冶屋で対応できるのか。それとも自動車に使われるような高級鋼は製造するな、したがって、自動車も製造するな、代わりに馬を使えということなのだろうか。

「地域内自給の困難な原料」は、鉄や塩以外にも山ほどあるだろう。金属原料に限っても、銅[42]、クロム[43]、ニッケル[43]など、「地域内自給」どころか日本国内自給も困難であり輸入に頼っているものがいろいろある。これら金属の製造・使用を前提とした「交換経済を完全に否定する形にはなり得ない」社会とは、一体どんな社会だろうか。

★地域社会の建設にとって、最大の問題は都市である。この問題は、自分と自分の子孫にとって都市が安住の地ではないと悟った人から徐々に都市を離れ、食糧自給の生活に入っていくより方法がない。これは石油がまだ使える間に気長に解決する方法をとりたい。

そのような個人の自覚から始まる人口移動（移民の思想）ではなく政治の流れを変えて、その政府に何かをさせるという方向で、つまり権力によって一律に解決するという方法をとってはならない。これは人間と権力との深刻な争いを生むだけである。このような権力指向型への誘惑はいましめる必要がある。

地域社会というのは、非権力の社会であり、その運営は多様と協力に支えられるはずである。統一と団結による権力主義的自治と排除の理論を導入したら、地域社会内でのトラブルが相つぎ、地域社会は破壊されるだろう。★[44]

いかに「多様と協力に支えられるはず」といっても、地域社会のメン

バー全員に等しく課せられるルールというものがあるのではないか。たとえば、ゴミの回収場所についてである。ある人が「自分の家のすぐ前を回収にされるのは困る」といっても、その人の主張が地域社会で受け入れられるには、地域集会での承認など所定のプロセスが必要である。ひとたび承認されたことはメンバー全員が守ることになる。「いや、私は別の場所がいい」と言っても、所定のプロセスを経ない行動は受け入れないだろう。そのような行動が多発すれば、かえってトラブルが相つぐのではないか。たとえ地域社会であっても、「所定のプロセスを経た決定がメンバー全員に課せられる」というのは、一種の権力だと筆者は思う。したがって、その権力が公平かつ適正に運用されるように手続きを民主的に行うことが求められる。しかし、「地域社会は、非権力の社会」と断定するのは、牧歌的すぎはしまいか。

　個人の自覚はたしかに重要だが、それだけで世の中が変わるだろうか。個人の自覚でどのように近代工業が村の鍛冶屋に引き戻されうるのか、その過程が筆者には見えない。同じ「個人の自覚」を持った者が多数派を占めればおのずと実現する、というのだろうか。そのような多数派形成がすんなりと実現すれば、それはそれで良いだろう。問題は、主義主張の相違によって複数のグループが形成され、グループ同士が不毛な反目を続けるという場合だ。「都市を離れ地方で食糧自給の生活に入る」人々も、初めから完全有機農業を目指すか、それとも部分的に化学肥料や農薬の使用を認めるかで意見が分かれることもあるだろう。歴史上しばしば発生する急進派と穏健派、あるいは理想派と現実派の対立である。その場合、いかに妥協点を得るかが問われることになる。槌田の主張には、この問いに対する答えが見出せないのである。

3.2　槌田敦『エントロピーとエコロジー—「生命」と「生き方」を問う科学—』1986年

　この本では、槌田の江戸時代に対する見方と社会を変える方法についてさらなる記述がある。それらの箇所を以下に示し、筆者のコメントを添える。まずは、江戸時代に対する見方について。

★江戸文明を再評価する

では、人間はこれまで循環を破壊してばかりいたかというと、実はそうではない。人間が水循環と生物循環のなかにおさまって文明をつくっていた例もある。それが江戸文明である。
　江戸300万、300年という。実際はもう少し小規模で、100万から250万、250年であるが、それでも当時としては世界最大の都市であった。（略）そのような都市が、汚染問題を生ずることなく存在し得た理由を考えたい（略）
　江戸の糞尿は、たとえば雑司ヶ谷（池袋）に馬車で運ばれた。これを肥料にして野菜がつくられ、それは江戸に運ばれた。したがって、糞尿は人間の廃物であると同時に、野菜を得るための資源だったのである。（略）
　江戸の廃物としては、糞尿のほかに、生活雑廃水がある。これは、ドブを経て、土に吸収され、再び湧き水として川へ流れ込み、江戸湊（東京湾）に注ぎ込んだ。この養分豊かな水で育った魚介類や海草は、江戸前、浅草のりとして、江戸の人びとの食膳にのぼった。ここにも循環があった。したがって、江戸の人びとは汚染ということに悩まされないですんだのである。★ 45)
　江戸は★世界最大の都市でありながら、清潔な都市だったのである。それは、生物循環が、巨大都市江戸を包むかたちで構成されていたからである。
　この江戸文明でわかることは、人間を含む大きな生物循環が存在していることである。ここで人間のしていることは、自然の重力でだんだん下方へ流れ落ちる養分を、海から町へ、町から村へ、そして山へと運びあげていることだ。この結果、本来ならば、やせ地で生物のあまり棲むことのできない武蔵野台地とその周辺に、数百万の人口を出現させ、しかも汚染を生じさせなかったのである。★ 46)

　この記述に対して、筆者は2つの疑問がある。1つは、人糞の使用において本当に安全を確保することができるのか、である。もう1つは、そもそも江戸は本当に汚染のない「リサイクル・清潔都市」だったのか、である。
　これらの疑問に関して、筆者は松永和紀の本に参考となる情報を見出した。まず1つ目の疑問について、該当する箇所を以下に紹介する。

★微生物汚染の不安

　一方、有機農業が化学肥料を使わず、家畜由来の堆肥や有機質肥料などを多く使うことは、病原性微生物による汚染という観点からは懸念材料となる。ミネソタ大の研究者によれば、米国の有機農産物と慣行栽培農産物（通常通り、化学農薬や化学肥料を使った農産物）を比較すると、大腸菌の感染割合は有機農産物が約6倍高い。（略）

　食品安全委員会が日本土壌協会に委託して作成したリポートでは、（略）80年代から90年代にかけての有機農業ブームにより、「加熱していない人糞尿」の使用が増加し、86年には年間3000㌧であったものが90年には10倍強の35000㌧に増加したという。（略）

　この同じ時期に、全国で回虫病の多発が報告されたというのだ。その後、人糞尿の流通量は急減し、92年には3000㌧以下にまで減少。それとともに、回虫の多発寄生例の症例数も減少した。

　リポートは、化学肥料に比べて堆肥や有機質肥料のリスクが高いことを詳細に伝えている。（略）人糞尿や家畜糞尿には回虫や病原性微生物が含まれている。堆肥化する際に好気性発酵を十分に行い発酵熱で殺すことでリスクを管理するが、100％殺せる保証はなく、堆肥・有機質肥料を多用する農業はこれらのリスクがどうしてもつきまとう。★ [47]

　有機農業にも、安全性において懸念があるのだ。これについて、槌田も認識はしているようであり、他の本で次のように述べている。

★人糞尿については、病原菌と回虫が問題であるが、加熱などで処理できる。★ [48]

　「加熱などで処理できる」と簡単に言うが、問題は確実に処理できるかどうかだ。人間の排泄物が関与する感染症は、コレラ[49]、赤痢[50]、腸チフス・パラチフス[50]、腸管出血性大腸菌感染症（O157等）[50]、エボラ出血熱[50]、ノロウイルス胃腸炎[50]、ロタウイルス感染症[50]、などいろいろある。人糞尿はむしろ危険物として処理すべきではないか。加熱するにしても、温度は何度以上を何時間維持するか、いかにして

加熱ムラをなくし全体を確実に目標温度・時間以上に保つか、処理後の肥料は病原性微生物が確かに消滅しているか、それをどうやって検査するか、といった多くの技術的課題がある。人に売るにしろ、自分が使うにしろ、こういう品質保証が重要なのである。槌田は、それを農業の素人がやることを想定しているのだろうか。そもそも、人糞尿の危険性を安易に考えてはいまいか。たとえ加熱で無害化できても、加熱前の取り扱い段階で感染の危険が依然として存在する。

人糞尿の危険性を考えると、筆者はむしろ、既存の下水道の農業への有効利用に着目したい。たとえば、下水汚泥に含まれるリンを回収し肥料として利用する研究が進行中であり、輸入リンとほぼ同等のコストにできる見通しが得られている[51]。

もう1つの疑問、そもそも江戸は本当に汚染のない「リサイクル・清潔都市」だったのか、について。松永和紀は、次のように述べる。

★江戸時代には、江戸の排泄物が売り買いされ、周辺の農村で肥料となった。つまり、人糞から作られた下肥による有機農業である。日本人を清潔好きと賞賛し、江戸を理想的なリサイクル社会であったように賛美する作家もいる。だが、実態は違っていたようだ。
　そもそも、固形物は売買されたが尿は商品化されておらず長屋の側溝に垂れ流されていたから、江戸の人々が清潔好きであったとはとても言えない。
　岩淵令治・国立歴史民俗博物館准教授の論文「江戸のゴミ処理再考〝リサイクル都市〟〝清潔都市〟像を越えて」によれば、江戸で出るゴミの一部は、近郊農村へ運ばれ売却され肥料として使われた。ただし、売れないものは廃棄され、各地で不法投棄されていたという。また、清掃の請負人が収集を十分にしない場合も多く、衛生上大きな問題であったようだ。（略）
　下肥やゴミ肥料は大正期まで近隣の農村で使われたが、20世紀になって下火になった。その理由の一つは、防疫・衛生上の理由であり、東京でコレラが発生し、ゴミが千葉県に運ばれ同県でもコレラが発生したことなどが問題視されたという。（略）岩淵氏はこう書く。『ゴミ肥

料の流通は、焼却処理の導入を遅らせ、また伝染病を千葉に「輸出」した。こうした近代のゴミ処理の展開から考えて、近世都市の「清潔」さを高く評価するのは、あまりにも一面的といわざるをえない」★[52)]

　筆者も岩淵令治の論文[53)]を読み、松永が引用した内容を確認した。また、売れないゴミの廃棄は、具体的には埋め立てによる[54)]ことも分かった。そのままでは売れないゴミも何とか工夫して再利用するとか、売れないゴミが少しでも減るように製造段階で配慮するとか、そういうことがあれば注目に値する。でも、岩淵の論文を読む限りでは、そういうことは見出せなかった。江戸のゴミ処理システムをあまり過大評価しない方がよいと思われる。

　次に、槌田の社会を変える方法について、筆者が気になる箇所を以下に示す。

★物事をどう決定すべきか
　末期的石油文明を乗り越えるためには、石油文明のなかで開発され、教育された、万人共通の価値観を拒否する必要がある。そのためには、まず、みなが勝手な価値観をもち、勝手なことを主張することである。
　価値観が一元的でないような社会は、まとまりがないと考える人がいるかも知れない。そういう人には、まとまらなければそれでもいいではないか、と答えるようにしよう。
　そういう考えに立ったとして、何かを決める必要が生じた場合、どうすればいいだろうか。それはもう徹底的な話し合い以外にはないということになる。しゃべり疲れるまでしゃべり、議論を尽くす。やがて、落ち着くべきところに結論が落ち着く。つまり、誰か一人でも反対している間は何事も決めない、というやり方がよい。未来は長い、急いで決めなければならない問題はそう多くはないはずだ。この決定方法は、昔の日本の農村での決定方法であったという。西欧型の多数決や、共産主義的満場一致は、日本の風土になじまない。★[55)]

　槌田は「そういう考えに立ったとして」と簡単に言うが、そもそも、

こういう物事の決定方法を1つの共同体の全メンバーが受け入れること自体、大変な時間と手間がかかるのではないか。なにしろ、一方では「みなが勝手な価値観を持ち、勝手なことを主張」せよと言い、他方では「誰か一人でも反対している間は何事も決めない」のだから。したがって、この決定方法そのものが、「誰か一人でも反対している間は」共同体内でまだ成立できないことになる。それとも、この決定方法を共同体で採用することに関しては、従来通りの決め方でよいというのだろうか。

　仮に成立したとしても、全メンバーが一種の拒否権を持っているような状況で、果して曲がりなりにも「落ち着くべきところに結論が落ち着く」かどうか疑問である。5つの常任理事国が拒否権を持っている国連の安全保障理事会を見ていると、そのような疑問がどうしてもわいてくる。また、槌田の持論である反原発や有機農業に「誰か一人でも反対している間は」、これらについて「何事も決めな」くてよいということなのか。

　槌田は「急いで決めなければならない問題はそう多くはないはずだ」と言うが、多いか少ないかの問題ではないだろう。前述したゴミの回収場所も、急いで決めなければならない問題である。決まらないうちは、ゴミが各家庭に溜まり続ける。「落ち着くべきところに結論が落ち着く」のを待ってはいられない。

　「急いで決めなくてもよい問題」についても、あくまで「反対している一人」の説得に時間を費やすべきだろうか。問題の解決法が必ずしも全メンバーの実行を必要としないならば、公的ルールに抵触しない範囲でまずは提案者が実行し、そのメリットを実際に示すことで賛同者を広めていく方が現実的である。先に紹介したエコストーブも、広報活動として、各地で講習会を開き参加者が効用を体験できるようにしている[56]。

　その際に留意すべきこととして、筆者は少なくとも以下の2点が重要だと考える。1つは、提案者のアイディアについて科学的リテラシーを持って吟味することである。科学的リテラシーとは何か。定義の一部を以下に紹介する。

★・科学が関連する諸問題について証拠に基づいた結論を導き出すための科学的知識とその活用。
・思慮深い一市民として、科学的な考えを持ち、科学が関連する諸問題に自ら進んで関わること。★[57)]

　私たちは、提案者のアイディアが科学的観点から妥当かどうか、疑似科学的な要素が混入していないかどうかを判断する必要がある。
　もう1つは、知的財産権に関することである。提案者のアイディアが優れていても、企業の特許等に抵触すると使用が困難になる。したがって、事前に特許化することが望ましいだろう。その場合、特許化しても提案者が金もうけを考えていないのであれば、そのアイディアの自由な使用を認めることによって、環境関連市場における企業の影響力が緩和されるだろう。ただし、企業は大抵自前の特許部門を持っているが、提案者が一般市民だと、自分で特許調査や弁理士、特許庁との交渉をしなければならないだろう。そのような負荷を少しでも減らすために、提案者の特許出願や登録をサポートするNPO・NGOがあると良いのではないかと筆者は考える。

3.3　室田武『エネルギーとエントロピーの経済学』1979年

　次は、槌田敦の盟友ともいえる室田武の著作について考察する。槌田と同様に、室田も有機農業を強く支持している。この本では、アメリカで有機農法と近代農法の収穫量を比較したデータを紹介して、有機農業批判への反論を行なっている。

★有機農業が（略）金か時間に余裕のある人の趣味としては成り立っても、多くの人々の生活を支えうる現実的な生産方法ではない、という意見はいぜんとして根強い。私たちは、そのような有機農業批判が妥当かどうか、という問題に初めて真正面から取り組んだ研究として、アメリカのセントルイスにあるワシントン大学のウイリアム・ロカレッツその他の人々による、共同調査報告（1975）が示す貴重なデータに注目すべきであろう。

　これは、アメリカのコーンベルト（トウモロコシ地帯）において、趣味ではなく商業的に有機農業を経営している農場（略）をいくつか取

り出し、それぞれに地理的にも近いし、その他の農耕環境も似かよっている近代農業を取り上げて1組とし、16組の標本をつくり、その収量やエネルギー集約度を統計的に比較調査したものである。（略）ロカレッツらが得た統計解析結果を、筆者は、表6-4、5、6の形にまとめてみた。

表6-4　有機・近代農法の収穫量比較 - 米国コーンベルト、1974年（単位：ブッシェル／作付地1エーカー）

	トウモロコシ	大豆	小麦	カラス麦
有機農場				
平均値（標準偏差）	69 (29)	28 (9)	30 (8)	57 (11)
近代農場				
平均値（標準偏差）	77 (25)	27 (8)	32 (6)	63 (16)
組標本の数	13	13	5	7

出所　Lockeretz et al. (1975, p.36).

表6-5　有機・近代農法の収益比較 - 表6-4に同じ

収益＝収穫物の市場価値 - 経営費用（単位：ドル／エーカー）

	平均値（標準偏差）
有機農場	134 (41)
近代農場	132 (40)

出所　Lockeretz et al. (1975, p.40).

表6-6　有機・近代農法のエネルギー集約度 - 表6-4に同じ

収穫物の市場価値1ドル当りの化石燃料エネルギー支出

有機農場	17,100 キロカロリー／ドル
近代農場	46,200 キロカロリー／ドル

出所　Lockeretz et al. (1975, p.44).

　以上の諸表をみるとき、研究対象となっている1974年のコーンベルトの有機農場の経営成果は、重さではかった作物の収量についても、貨幣価値ではかった純収益についても、近代農場のそれと変わることなく、しかも前者は、石油・石炭エネルギーの使用量を、後者の約3分の1に切り下げていることがわかる。★[58)]

　室田が引用したロカレッツらの論文は、次の通りである。

★ Lockeretz,W.,et al., "A Comparison of the Production,Economic Returns, and Energy Intensiveness of Corn Belt Farms That Do and Do Not Use Inorganic Fertilizers and Pesticides",CBNS-AE-4,Center for the Biology of Natural Systems,Washington University,St.Louis,

（1975）★ [59)]

　上記のように、室田は、ロカレッツらの論文データを引用して、有機農業が経済的にも優れていることを強調する。
　一方、農林水産省の資料によると、日本の有機農業に関する最近のデータは、室田が指摘しない問題点を明らかにしている。それを以下に示す。

★1（2）有機農業による農産物の生産—②農家の経営

○化学肥料や農薬を使用しないことを基本とする有機農業は、1）稲作の場合、販売価格の面で慣行栽培より有利なものの、単位面積当たりの労働時間は慣行栽培を大きく上回るとともに、収量はそれを下回っている、2）野菜作の場合、事例でみる限り、販売価格や単位面積当たりの販売量などで慣行栽培より優れたものと劣るものとの格差が大きいなどの実態があり、農家にとってリスクのある取組となっている。
○農業者を対象にした意識調査においても、環境に配慮した農産物の生産の問題点として、「労力がかかる」、「収量減少・品質低下」など技術に関連する課題があげられており、環境により配慮した有機農業には、特にこうした問題意識を農業者は有すると考えられる。

○稲作農家の経営収支（平成14年産）

区分	粗収益 （円/10a）	経営費 （円/10a）	所得 （円/10a）	収量 （kg/10a）	販売金額 （円/60kg）	労働時間 （時間/10a）
有機栽培	204,910	130,560	74,350	443	26,918	44
慣行栽培との比較	143.5	125.9	190.3	84.4	177.1	161.1

　資料）農林水産省統計部「環境保全型農業（稲作）推進農家の経営分析調査報告」（平成16年）
　注）1　有機栽培は、有機農産物JAS規格で示している生産の方法
　　　2　慣行栽培との対比は、調査対象農家が、当該ほ場において農薬、化学肥料を用い、おおむねその地域の一般的な方法で栽培したとした場合の経営収支、労働時間等を100とした場合の数値

○野菜作農家の経営収支（事例）（平成10年産）

（調査農家のいる地域における慣行栽培の経営収支、労働時間等を100とした場合の数値）

区分	事例数	10a当たり販売収入	10a当たり経営費	10a当たり所得	10a当たり販売量	1kg当たり販売価格	10a当たり労働時間
有機栽培	61	64~263	50~545	39~805	40~200	40~200	75~300

資料）農林水産省統計情報部「環境保全型農業推進農家の主要野菜の経営分析事例集」（平成12年）

注）有機栽培は、「有機農産物及び特別栽培農産物に係る表示ガイドライン」時の栽培方法であり、転換期間中有機栽培（有機栽培の条件で、経過期間が3年未満、6ヶ月以上の栽培）を含む★[60]

　この農林水産省の資料では、稲作について有機栽培は慣行栽培より多くの労力を必要とし、しかも収量が少ない。野菜作については、各項目の数値に高低間の大きな開きがある。室田は有機農業の労力に関するデータを示していない。しかし、有機農業の経済性を議論する際に、労力の問題を避けて通ることはできないだろう。特に、エントロピー論者が「今後は、より多くの人間が有機農業に従事すべきだ」と考えているのなら、なおさらである。

　有機農業が慣行農業より収量が少なく手間がかかるのなら、はたして有機農業で今の人口を養っていくことができるのだろうか。松永和紀は、「それは困難である」という見解を紹介している。

★米国では08年8月、当時の国務長官付科学技術顧問、ニナ・フェドロフ氏がニューヨーク・タイムズのインタビューに答えて、「もしみんなが有機農業に切り換えたら、恐らく地球の現在の人口の半分しか養えないだろう」と発言した。雑誌『タイム』のウェブ版は同年9月4日の記事「Can Slow Food Feed the World?」の中で、「もし、アメリカの食をすべて有機農業のみでまかなおうとするなら、農民を現在の100万人から4000万人に増やさなければならない」と述べている。
FAO（国産連合食糧農業機構）も（略）事務局長が07年、「今日の60億人、2050年の90億人を養うには、化学肥料が不可欠。適切な量を適切な時期に適切なやり方で使用するべきだ」と明言している。★[61]

　松永は、さらに有機農業の日本における特殊事情について言及する。

★日本では有機農業もエネルギー投入量が増えざるを得ない。欧米の有機農家は広い農地で家畜を飼い牧草などを育て、穀物や野菜なども栽培する複合経営をしており、家畜糞尿などをうまく利用できる。その結果、エネルギーの投入量も少なくなっている。しかし、狭い国土しかなく農地の狭い日本で、（略）多くの有機農家が家畜を飼わずに作物だけを栽培している。（略）近くに畜産農家や堆肥を製造している堆肥センターがあればよいが、離れている場合も多く、輸送が農家の負担となりエネルギー投入量が増大する。欧米の有機農家が持つ大きな利点が、日本では失われてしまうのだ。★ [62)]

だが、松永は有機農業を否定しているわけではない。彼女の有機および慣行農業に対する以下の見解には、筆者も賛同する。

★有機農業の研究が進んで、どの部分が優れていて環境を守る技術なのかが明確になってくれば、農薬や化学肥料を使って栽培する慣行農家にもその技術を勧めていくことができる。慣行農家も最近は、堆肥や有機質肥料を取り入れ土作りに励み、農薬を減らして、よりよい品質の作物を低コストで作ろうと努力している。有機農家から学べることもおおいにあるはずだ。★ [63)]

農林水産業の資料によると、国内の販売農家196.3万戸のうち、有機農産物認定事業者（農家）は0.5万戸でまだ少数だが、環境保全型農業の取組農家は91.9万戸ある。これは、国内の販売農家の46.8%、すなわち半数近くに相当する（個々の農業の定義は以下の引用箇所を参照）。

★○有機農業の位置づけ

資料）国内の販売農家数及び環境保全型農家の取組農家数：農林水産省統計部「農林業センサス」（平成 17 年）
　　　有機農産物認定事業者（農家）数（平成 18 年 9 月）：農林水産省表示・規格課調べ
注 1）有機農産物認定事業者（農家）：
　　　JAS 法に基づく登録認定機関の認定を受け、有機農産物 JAS 規格に基づく、生産を行う農家及び生産者組合に参画している農家
注 2）環境保全型農業：
　　　農業の持つ物質循環機能を生かし、生産性との調和などに留意しつつ、土づくり等を通じて化学肥料、農薬の使用等による環境負荷の軽減に配慮した持続的な農業
　　　（平成 6 年 4 月 18 日　農林水産省環境保全型農業推進本部で決定）★64)

　上記の環境保全型農業が、松永の言う「有機農業の技術を取り入れた慣行農家の栽培方法」に相当するのではないかと筆者は思う。「有機農業か、慣行農業か」という二者択一的な発想の下で前者へ向かって一直線に前進するよりも、まずは環境保全型農業の拡大で有機農業の利点を少しずつ体現していく方が現実的・持続的ではないか。筆者は、「漸次的で、息が長く、じわじわと広がる変化」に期待したい。
　室田は、有機農業に関して堆肥等の利用だけではなく農業機械用動力についても論じ、後者の脱化石燃料化を強調している。より持続的な有機農業を目指すために、この観点は重要である。

★さて、前章で述べたメタンガス利用の他に、エネルギーの地域自給自足という点についてもう 1 つ注目しておきたいのは、最近イギリスでさかんに研究されている、穀物の藁（わら）の燃料（動力）、肥料への転化である。ジェラルド・フォレイの『エネルギー問題』によれば、藁は、スターリングサイクルと呼ばれる外燃機関のなかで燃やすと、農業機械用の動力（必要ならば電力への転換も可能）の供給源となる。★65)

　フォレイの著書は、次の通りである。

★ Foley,Gerald,The Energy Question, (Harmonsworth:Penguin Books,1976) ★59)

上記のバイオマスの他にも、農業機械用動力として太陽光発電を利用する試みもある。たとえば、福澤加津良は長イモの植え付け用機械として太陽光発電で稼働する「ソーラー式長いもプランター」を開発した[66]。
　しかし、室田は、槌田と同様に再生可能エネルギーの中で太陽エネルギーの利用については否定的である。

★さて、原子力が石油の代替にならないことはわかったが、太陽エネルギーはどうであろうか。サンシャイン計画などの名の下に進められている太陽エネルギーの直接利用法の開発について、私たちは次のことに注意しなければならない。つまり、太陽光を工業的に利用することは物理的に不可能ではないが、その利用技術は石油消費技術だ、という事実に注目したい。具体的にシリコン電池などを考えてみると、電池やそれを支える構造物をつくるのは、結局のところ大量の石油である。(略) 一個の電池から一個を超える電池をつくることはできず、太陽光の変換から得られる電力は、一方的に消費されるだけのことで、それによって石油が食いつぶされる。これが石油の代替になるといったらまったくのお笑い草である。
　もちろん、アメリカなどのサンシャイン計画の立案者たちは、地表における太陽エネルギーの工業的利用の効率が著しく悪いことを知らないわけではない。(略)
　たとえば、無人の孤島に灯台を設ける必要があるとして、そこに火力発電所をつくって光源を得ることが (略) 不可能であるようなとき、(略) 太陽電池を利用することは意味があろう。この場合は、火力発電より石油浪費的であることを承知のうえで、灯台というごく局所的な目的のために少し余分な石油を使うのであるから、やむをえない。★[67]

　ここには、「たとえ石油代替にはならなくても、太陽光発電の効率と寿命がこれだけ向上すれば石油がこれだけ節約できる、したがって太陽光発電も選択肢として考慮するし、この技術の開発を注視する」という発想が欠如している。石油文明から薪文化への道をどんな摩擦

あつれきが生じようと突き進んでいくのか、それとも太陽光発電も利用しながら無理のない脱石油依存を実現していくのか。どちらが現実的なのかは、明らかだろう。

室田武は、コモンズ論の分野でも著書や論文を出している。ここでコモンズとは何か。鈴木龍也は、ふたりの研究者の定義を紹介している。

★有名な井上眞のコモンズの定義は、「自然資源の共同管理制度、および共同管理の対象である資源そのもの」というものである。（略）コモンズ研究の第一人者であったオストロムはコモンズを共用資源 common pool resource と定義して（略）★ 68)

『エネルギーとエントロピーの経済学』の中で、コモンズ論と関連が深いのは、第7章と第8章だろう。この本では、室田はまだコモンズという言葉を用いていないようだが、筆者が見てコモンズの例となっているのが入会(いりあい)である。

★入会　入会山(いりあいやま)は、ひろく百姓稼ぎ山とも呼ばれ、地域ごとにその他多くの異名を持つ山村共同体成員の共有地である。これは、共同体成員に直接の燃料にほかならない薪炭用の木材や枯れ枝を与え、家畜や穀物の生育にとってのエネルギー源である飼料・肥料となる草木類を与える。入会の制度は山村に限定されない。海岸地帯では、入浜(いりはま)あるいは入海(いりうみ)は、人間にとっての食糧源でもあり、また肥料にも転化する魚介類や海草を共同体成員に提供する。

こうした入会地からのエネルギー源獲得を規定する原理は、それが無料であるという点にある。（略）

無料であることが一見して無原則のようにみえながら、その実、極めて優れた資源分配法である（略）すなわち、有料であればそれはたくさんお金を支払うことのできる特定のグループが、更新性の範囲を越えてエネルギー源をとる可能性に道を開くとともに、金で一定の山林なり浜辺なりを買い取って放置し、そこでのエネルギー源獲得を停止してしまう可能性にも道を開くのである。★ 69)

室田が入会に着目するのは、現代石油文明による近代化に対して、彼が以下のような強い危機感を持っているからである。

★穀物や野菜は、人工の産物であるが、筆者（室田）は、それをつくりだしたことを人間の英知と考える。それは人間と野菜との間の一種の対話であろう。しかし、重油を焚いた温室で、冬にトマトやキュウリを実らせることを英知とは考えない。それは、人間と野菜との関係に内在する時間的な更新性の破壊を意味する。それは石油消費それ自体を目的とする経済活動であり、近代の科学技術そのものである。★[70]
★現代世界の石油・原子力文明は、「宇宙船地球号の自己完結を」という原理的に不可能な課題を追究することによって、人間の仕事の産物を収奪するばかりではなく、自然環境をも収奪する過程を強化せざるをえなくなり、地域の更新性、そして自給自足性に敵対する画一的な集権社会を至る所に生みだしている。★[71]

　室田は、このような石油文明を克服し、持続可能性（彼の言葉では更新性）を実現する糸口を入会に見出すのである。

★しかしながら、太陽が水サイクルという理想的な熱機関を経由して、私たち人間に恵んでくれている、有用なエネルギーの流れは、その本性において無償の贈与なのであって、私たちはこの贈り物に対して、金銭によってお礼をしたくても相手が受け取ってくれない。したがって、私たちにできる最大の返礼は、深い感謝の念を持ってこれを受け取り、それと同時に他の人々もこのエネルギー源をできるだけ無料で活用できるよう配慮することである。入会・催合・結という制度は、まさにそのような自然に対する感謝のしかたを内包する制度の一つであり、この先人たちの知恵が私たちに示唆するところは大きい。★[72]

　さらに、室田は、入会のような先人たちの知恵が現代に活かされている例として、有機農産物の共同購入運動を取り上げる。

★石油文明が徹底化した国際分業の下で、自然環境を介しての人間同

士の協力関係が、完全に崩壊したと判断するのは早計である。石油漬けの近代農業の脆さを撃つ有機農業の展開を軸に、新しい協力の経済が日本の各地に芽生え、(略)有機農産物の共同購入運動という形で、中央集権化した市場を離脱する新しい交易形態と地域自給へ向けての人間関係が形成されつつある。土とのかかわりをいったん完全に断った人々も、こうした運動においては、援農などの活動を通じて、農耕の少なくともいくつかの側面に主体的に参加している。★73)

　室田は、このあとに共同購入運動の具体例を数多くあげているが、そのいくつかを以下に示す。

★東京の「安全な食べ物を作って食べる会」と、「千葉県三芳村安全食糧生産グループ」の提携、茨城県八郷町所在の「たまごの会」農場と東京会員の協力、近畿一円の有機農家と京都の「使い捨て時代を考える会」の間の提携などがある。★74)

　室田は、上記の運動の特徴を次のように述べている。

★以上は、自然環境へのかかわりを介してある人と別の人が、支配・被支配の関係でなく、平等な協力関係によって結びつく現代における共同性の表現のごく一部の紹介にすぎない。(略)現代の共同購入運動は、無言ではなく、参加者同士が顔をつきあわせて徹底的に討議することによって生み出される信頼関係を重視することによって、集権的傾向や権力の発生を防ごうとしている。そして、このようないわば「騒がしい交易」の中から、共同体自給の萌芽も現れ始めているわけである。筆者(室田)が、入会(いりあい)・催合(もやい)・結(ゆい)の意義を問うている理由の一つはここにあるといってよい。★75)

　確かに、市場の支配にすべてを委ねるのではなく、市場からできるだけ独立した交易のネットワークを持つことは、筆者も重要だと思う。それによって、市場の弊害を縮小することが可能になる。問題は、それをどうやって構築するかだ。室田は「入会の意義を問う」と言って

いるが、たとえば彼が入会の特徴だと指摘する「無料であること」は共同購入運動とどのように関連しているのか。筆者には、この点がよく分からなかった。共同購入運動には、入会の「無料であること」に相当するようなメリットがあるということなのか。何事も、理念だけではなかなか長続きせず、相応のメリットを実感できることも必要だろう。以下の文章から推測すると、室田は、「近代の科学技術」と比較して有機農業をベースとした共同購入運動では、メリットとして食品がより安全であると考えているのかもしれない。

★（略）石油タンパクや天然ガスタンパク開発などに象徴される、食品の複合汚染がいっそう強まる今日、さまざまな形態と水準における共同購入運動や自給運動は、ほとんど無数に近く存在して、幾多の困難と闘い、それらを克服しつつある。★[76]

それでは、有機農業における食品の安全性は科学的に立証されたといってよいのだろうか。3.2節でも紹介したが、有機農業は微生物汚染のリスクがある。たとえ石油を浪費する「近代の科学技術」式農業は否定するとしても、科学自身を無視すべきではないと筆者は思う。むしろ、コモンズが科学とどのように向き合うかについて考察を深めるべきだろう。たとえば、室田は、入浜での活動を以下のように説明している。

★さて、沖合の海とは区別される海岸への立入りを万人に認めた入浜は、漁を生業とする漁民以外の多くの人々にとっても、海と陸との接点として神聖な精神的意味合いを持つ場所であった。（略）海岸は、農民にも多大な利益をもたらすものであった。海岸こそは、（略）海草という名の天然の肥料の補給地だったからである。（略）
　魚介類や海草類のほかに、渚が人々に無償でもたらしたすばらしい贈り物は燃料としてのたき木であった。それは、大雨や台風のあと、山奥から押し流されてきた天然木や材木の破片で、寄せ木、流木となって海岸にたどり着く。
　海村の人々はこれらを拾って乾燥させ、無料のたき木とすることが

できた。★ [77)]

　ということは、海岸にたどり着いたたき木は海水を吸収しており、それを乾燥させるとたき木に塩分が残留しているのではないか。安原昭夫らは、食塩水を含浸させ乾燥した新聞紙を燃焼させると、食塩を含まない元の新聞紙を燃焼させたときよりも多くのダイオキシンが発生すると報告している[78)]。ダイオキシンの発生は、なにも塩化ビニールのような塩素系樹脂を燃やしたときだけに限らないのである。コモンズの生活様式を現代に活かすにしても、科学的な確認作業が必要である。

3.4　室田武『天動説の経済学』1988年
　この本には、室田が大企業を意識した次のような記述がある。

★大企業の中にさえ、地域自立経済を実現しようとしてのことではないにせよ、結果的にその方向に進むような経営計画を構想した人々がいる。たとえば、オイルショック（1973年）から第二次石油危機（1979年）に至る時期に、ある大手家電メーカーの研究所が興味深い試案をまとめた。（略）
　その骨子は、減反政策によって活力を失った日本の農業においては、山村や農村に遊休化している土地がかなりあるので、これを会社が借りるか買うかする、というものである。一方、生産削減により不要になった労働力は、失業のかたちで外に放り出すのではなく、工場での労働時間を減らして、農作業に振り向ける。具体的にいうと、工場で働くのは一週間に三日だけにして、あとの三日は、それぞれが作りたい作物を農地で作るのである。（略）工場での労働に対しては賃金として現金が支給され、農作業に対しては食糧の現物支給というかたちで自給が促進される。★ [79)]

　確かに、大企業がこれぐらい前向きに関与してくれれば、日本の農業は活性化されるかもしれない。だが、現状では、企業は労働力の調整方法として非正規社員の比率を増加させ、景気の動向に応じて彼ら

との契約を増やしたり打ち切ったりすることを選ぶのではないか。

ただし、企業の地域農林漁業への関与が全く期待できないというわけではなく、すでに関与の例は存在する。たとえば、製鉄業で発生する副生物の1つにスラグがあり、肥料として利用されている[80]。あとは、このような物的交流が人的交流へと発展すると望ましいのだが。筆者がとりあえず思いつくのは、まずは物的交流を発展させて、企業の副生物を農家が利用するだけではなく、農家が作った作物を企業内で販売したり、社員食堂で利用したりする。さらに、農家が実際に農作業をする協力者や後継者を探している場合は、企業が社内の希望者を募るという形で人的交流へと導く。しかし、その場合も社員リストラの手段として悪用されてはならない。

あるいは、企業が山林の間伐材や農家のバイオマスをエネルギー源として利用し、農家は企業の排熱を温室栽培に利用するというのもあるだろう。すなわち、エネルギー的交流である。企業排熱の農業への利用については、実例がある[81]。これは、トヨタ系の豊田通商が出資する農業生産法人がトヨタグループの自動車工場の排熱を利用してパプリカを育てるというものであり、新規雇用も見込まれている。

このように、企業が単に物を作って売るだけではなく、その物が売られる市場に各種交流を通じて働きかける。これが市場自体の発展にもつながれば、企業は地域農林漁業への関与に意義を見出すことができるだろう。

3.5 室田武『水土の経済学 - エコロジカル・ライフの思想』1991年

再生可能エネルギーの使用量を今後増やしていくとしても、普及には時間がかかるだろう。当面は化石燃料による火力発電も続くと予想される。その際、これまでと同じやり方ではなく、エネルギーのさらなる効率的利用のため、コージェネレーション（電熱併給）が重要となる[82]。なぜなら、室田はコージェネレーショソについて次のように述べる。

★したがって、地下にあるエネルギー資源は（略）その消費を削減していくことが将来に向けての重要課題となる。このためには、たとえ

ばコージェネレーションは利用価値の高い技術である。
火力発電の熱効率は、今日では30％を越えるものの、高々40％にしかならない。つまり、火力発電所で燃やされる石炭や重油の発熱量を仮に100とするとき、そのうち電磁気現象を介して人間社会にとって有用な仕事に転化するのは、最高でも40であり、残りの60ないしそれ以上は、温排や水蒸気の形をとって海や大気中に捨てられているわけだ。（略）一つのシステムから熱と電力の両者を供給できるのがコージェネレーション、すなわち日本語で熱併給発電、ないし熱電併給と言われている技術である。これによれば、従来捨てていた廃熱のかなりの部分が、有用な熱として利用できるから、熱の利用率をうまくすれば70〜80パーセントくらいにまで高めることができる。★[83]

　コージェネレーションは特に真新しいものではない。コージェネレーションで問題なのは、いかにして普及させるかだ。特に、排熱の有効利用がカギとなるだろう。そのために、新たなインフラ整備、たとえば火力発電所の排熱を各家庭に送るための熱供給管を敷設するのか。これには、かなりの敷設コストがかかるだろうし、蒸気や温水供給時の熱ロスも大きいだろう。熱ロスの低減には十分な断熱が必要だが、これもコストを押し上げる。排熱は、できるだけ発生場所で集中的に利用するのが望ましいのではないか。
　筆者は、火力発電所の排熱をバイオマスのメタン発酵に利用したらどうかと考えている。通常、メタン発酵プロセスでは加温を行い、運転温度30〜37℃の中温メタン発酵、または50〜55℃の高温メタン発酵として運転される[84]。
　澤山茂樹は、高温メタン発酵のメリットとして次の点をあげている。

★・有機物分解率が高く、分解速度も速い
　・発酵槽がコンパクトになる
　・発酵物の流動性が高い
　・雑菌・雑草の種子が死滅しやすい★[85]

　さらに、澤山は超高温発酵の可能性について示唆する。

★技術開発が進むと、現在の55℃高温発酵を越えた超高温発酵で、飛躍的に効率アップするかもしれません。★[86)]

　超高温発酵を可能にする好熱性メタン生成菌の探求が望まれる。そして、火力発電所の構内に高温または超高温発酵槽を設置し、発電の排熱を用いて稼働する。地域内で発生した有機系廃棄物を集めてここで処理し、生成したメタンガスをエネルギー源として使用すれば、排熱と廃棄物の有効利用が同時に可能となる。

　上記のコージェネレーションとはページが前後するが、室田が理想とする社会について以下のような記述がある。

★水土と時の流れの潜在的な豊穣を放射能やダムや赤潮によって殺すのではなく、それを地域社会成員すべてのために活かしていく共生の諸慣行。地域自治の実態の充実により、内部から解体される権力機構や官僚主義。(略)石炭や石油は、快適な生活に当面必要な製鉄や発電などに少量だけ使われ、交通機関は路面電車をはじめとしてゆっくり走り、河川交通が活発化し、水車や風車も活躍の場を与えられるような技術体系。老若男女が連れだって薪を拾い、寒い冬の暖をとるくらし。
　これらは、現実不可能なユートピア物語でもなければ、権力政治に期待すべき政策目標でもなく、私たち一人一人の主体的な選択により、生かすことも殺すこともできる可能性の素描である。★[87)]

　「現実不可能なユートピア物語」かどうかは、ひとまず脇に置くことにしよう。筆者の懸念は、仮にそのような世の中が一時的に実現したとして、それが安定的持続性を有するのかどうかだ。やはり、それに満足できない「進取の気象」に富む人間や「野心的な」人間がいつかは出現するのではないか、という気がする。そういう人間が歴史の中で絶えず出てきたからこそ、社会変動が何度も起こったのではないか。おそらく、そういう人間は「大きな成果」を獲得し、それにつられて

さらに多くの人間がより「野心的な」ことをやろうとするのではないか。そういう人間の出現を抑制するのではなく、むしろそういう人間が持続可能社会の中でこそ活躍できるようにするにはどうすべきか。

　月並みな発想だが、持続可能社会で求められる科学的な研究開発について議論する機会を増やすことが必要だと筆者は考える。その中から、具体的にどんな研究をすべきか、あるいは有機農業やコモンズの慣習が科学的にみて本当に安全・有効なのか、などに関して積極的に情報発信する。それによって、「進取の気象」に富む人間を含め、より多くの人間の意識が持続可能社会へ向くようにするのである。前述した好熱性メタン生成菌の探求も、持続可能社会のための研究開発の一環といえる。

3.6　室田武『原発の経済学』1993年

　エントロピー論者の反原発は、単に原発の危険性だけに基づくのではない。この本では、室田が原発の不経済性や石油代替不可能性についても論じている。以下では、室田が原発は石油代替とはならないことを論じた箇所（第5章）を見ることにする。

　室田は、ここで「石油代替」の意味に関して3つの命題を立てる。

★《命題A》原子力は石油にとって代わるエネルギー源である。
　《命題B》原子力発電に投入される石油エネルギー量より、そこから産出されて人間社会内で有効に使えるエネルギー量の方が大きい。
　《命題C》石油にとって代わるわけではなく、エネルギー収支がプラスになるわけでもないが、同一量の電力を生産する二つの技術として相互比較する時、原子力発電の方が石油火力発電より石油節約的である。
(略)便宜上、命題Aを原子力による「石油おきかえ説」、命題Bを原子力の「エネルギー収支プラス説」、命題Cを原子力による「石油有効利用説」とよび（略）★[88]

　室田は、まず命題Aについて検討する。詳しい説明は省くが、以下の3つの理由で命題Aは成立しないとする[89]。

①原子力が生み出せるのは主に電力だけであるが、化学原料のような発電用以外の石油の用途は、電力によってはまかなえない。
②原子力発電のためには、ウラン鉱石の採掘、精錬、濃縮、輸送、加工、転換などの諸過程、さらに発電所の建設や補修、放射性毒物の保管などのために石油（ないし石炭）が不可欠である。これらの大半は、原発によって得られる電力でおきかえることは不可能である。
③②の理由により、核燃料1㌧から発生する電力によって、1㌧を上回る核燃料を石油（ないし石炭）の補助なしに生産することは不可能である。

　室田は、次に命題BとCを考察する。彼は、★既発表の仮想的な計算をなるべく現実に近いものに修正し、そのうえで、上記二命題の当否を検討して★[90)]いる。彼が選んだ「既発表の仮想的な計算」は以下の報告である。

★この問題を考えるうえで、比較的包括的な研究として役に立つのは、アメリカのテネシー州オークリッジのエネルギー分析研究所IEAの研究者たちが、1975年に提出した論文に基づき、同国のエネルギー研究開発局ERDA（今日のエネルギー省DOEの前身）が、76年に発表した報告である。
　この報告は、電気出力100万kwの加圧水型軽水炉（PWR）を想定したもので、核燃料は、標準品位のウラン鉱石（したがって天然ウランを0.2％程度含む鉱石と考えてよい）を用い、濃縮後の廃棄テール（ウラン235含有率が天然ウランより低くなったもの）のウラン235含有度0.2％という基準で製造されるものとしている。★[90)]

　ERDAおよび室田が計算の前提としている仮定群を以下の表5-1に示す。表の「本書における補正値」が室田の前提である。

　5-1表に基づいて原発の正味電力量と投入エネルギーを算出した結果が、表5-2である。
　表5-2から、室田は次のように命題BとCがいずれも成立しない

と結論づける。

★表5-1　原子力発電所のエネルギー収支計算における仮定群
（電気出力100万kWの軽水炉1基当たり）

	ERDA (1976) ＊	本書における補正値
ウラン鉱品位	標準品位	同左
濃縮度	通常の軽水炉用	同左
廃棄テールのウラン濃度	0.2%	同左
耐用年数	30年	20年
平均設備利用率	61%	45%
揚水発電所	考慮せず	考慮
廃炉処分	考慮せず	考慮
放射性毒物保管	30年（耐用年数内）	ケースA　2万4千年 ケースB　24万年

＊ U.S.ERDA:A National Plan for Energy Research,Development and Administration:
Creating Choices for the Future 1976,Vol.1:The Plan,Appendix B:Net Energy Analysis of Nuclear Power Production:ERDA-76-1,において示されているもの。
★91)

★表5-2　原子力発電所の正味産出電力量と投入エネルギー値
（表5-1の仮定群の下での計算値）

		ERDA (1976) ＊	本書における補正値
	粗産出電力量	1,600億 kWh	800億 kWh
	定格運転に伴うロス	－	△160億 kWh
	自家消費および送電ロス	－	△32億 kWh
	正味産出電力量	1,600億 kWh	608億 kWh
	［熱量換算値］	［137.5兆 kcal］	［52.28兆 kcal］
投入エネルギー	核燃料製造	29.83兆 kcal	14.86兆 kcal
	原発の建設・維持・補修	5.89兆 kcal	11.80兆 kcal
	種々の輸送	0.07兆 kcal	0.70兆 kcal
	揚水発電所建設・維持	－	2.19兆 kcal
	廃炉処分	－	2.95兆 kcal
	使用済核燃料敷地保管	0.06兆 kcal	0.04兆 kcal
	放射性毒物長期保管	0.10兆 kcal	ケースA　48.60兆 kcal ケースB　480.60兆 kcal
	投入計	35.95兆 kcal	ケースA　81.14兆 kcal ケースB　513.14兆 kcal

＊データの出所は表5-1に同じ。△印＝控除（マイナス）　★92)

★（略）放射性毒物保管をやや短期的（2万4千年）に仮定したケースAにおいて、投入エネルギー合計は約81.1兆キロカロリー、やや長期的（24万年）にとったケースBにおいて約513.1兆キロカロリーであり、これにたいする電力の産出量は608億キロワット時である。これを熱量に換算すれば、52.2兆キロカロリーとなる。したがって、原発のエネルギー収支がマイナスであることは確実である。つまり、命題Bは明らかに成立しない。

（略）命題Cの当否を考えるために、608億キロワット時の電力を火力発電によって獲得するためには、どれだけの石油投入が必要かをみてみよう。

ERDAの換算法を踏襲すると、このためには174.8兆キロカロリー投入を要する。これは、火力発電の総合的な熱効率を30パーセントとした結果であり、発電所の建設用エネルギーなどを含めて考えたものとみてよい。また、日本の官庁エネルギー統計で使われる火力発電の熱効率35.1パーセントを用いれば、これは、159.0兆キロカロリーとなる。

以上をまとめてみると、608億キロワット時の電力を産出するために、原発ではおよそ81～513兆キロカロリー相当の石油（ないし石炭）投入が必要とされるのにたいして、火力発電では160～175兆キロカロリー程度でよい、ということになる。したがって、発電という目的にかぎってみても、原発が火力発電より石油を有効に利用するという決定的な論拠は実は何もない、ということになる。★[93)]

前提はともかくとして、すでに早い時点で、エントロピー論者が「原子力は石油浪費的」として、原発の経済性に異議を唱えていたことは、少なくとも評価したい。前提の妥当性、特に放射背廃棄物の保管コストについては、異論も多々あるだろう。しかし、最大どの程度のコストがかかるかを知ることは、議論の出発点として必要ではないかと思う。あとは、新知見を織り込みながら、議論を進めていくことが求められる。

3.7　河宮信郎編著『成長停滞から定常経済へ――持続可能性を失った成長主義を越えて――』2010年

河宮信郎は、基本的に槌田敦の「定常開放系論」に賛成のようであり[94)]、定常経済という言葉が筆者の関心を引き付けたので、エント

ロピー論者のひとりとしてここで取り上げることにした。定常経済ならば、持続可能性が実現していると考えられる。ただし、河宮は槌田の「人為的地球温暖化否定論」[95]には批判的である[96]。

　なお、この本は河宮信郎と青木秀和の共著である。河宮が第1~5章、9章、補章を、青木が第6、7、8章を担当している[97]。以下では、河宮が担当した章から引用する。河宮は、エントロピー学会に創立時から参加、青木も同学会に参加している[97]。

★工業社会の化石燃料依存性はきわめて根源的であり、自然エネルギーや原発のよう補助的動力源や効率の向上で容易に代替できるものではない（なお、原発の放射性廃棄物は数万年に及ぶ管理-エネルギー・資材の投入を伴う—を要し、正味のエネルギー供給にならない）。「CO_2固定」はエネルギー多消費的な超巨大化学産業を必要とする。電気自動車が高価なのは電池の製造に稀少な金属を要し、その製造に多量のエネルギーが必要だからである。

　工業技術が化石燃料消費に対して「最適化」されているために、エネルギー代替に金がかかる。「金を使う」ことはそれにエネルギー消費が伴うことを意味し、代替の効果を相殺する。金をかけないこと、単純に化石燃料消費を減らすことが最善の道なのである。たとえば家計では、エコカーに買い替えるより、手持ちの車の走行距離を減らすのが最もすぐれた省エネ法なのである。

　したがって、世界的課題となった化石燃料の消費圧縮は、成長志向経済から脱却し、エネルギー的な「定常経済」をめざすことを要請している。つまり、1次エネルギー消費を漸減に持ち込み、もっぱら質的な向上（効率アップ）を追求するという方向である。この方向に進むとき、「1次エネルギーを公正に分配する」という課題も生じてくる。量的な制約と分配への条件が課せられることは、単純な市場原理（自律的な需給均衡）に修正を迫るであろう。★[98]

　エコカーに買い替えるのではなく手持ちの車の走行距離を減らせば、確かに成長志向経済からの脱却は可能になるだろう。しかし、だれもが手持ちの車の走行距離を減らすという「最もすぐれた」省エネ

方法をすぐにも実行できるのなら苦労はしない。走行距離を減らすことで金をかけないですんでも、身体的・時間的にはよりしんどいということになるだろう。特に、高齢者はそうである。

　お金をかけず、その分エネルギー消費を減らすことを、どうやって社会に浸透させていくのか。また、「質的な向上（効率アップ）」とは何をどうするのか。この本を読んでも、筆者にはそのための具体的な方法論が見えてこなかった。それに、エコカーが手持ちの車より何％エコならば、買い替えて何年間こういう条件で乗れば、車の製造・使用・廃棄のトータルで実質的な省エネが達成できるという可能性は本当にゼロなのか。もし可能性がゼロでなければ、これらについて大学や環境NGO・NPOが研究し、具体的なアドバイスを情報発信することが求められるのではないか。

　一方、河宮は「持続可能な経済システム」に関するH・デイリーの3条件を紹介し、以下のようにコメントしている。

★H・デイリーは、(略)「持続可能な経済システム」が満たすべき要件を明らかにした[デイリー「持続可能な発展の経済学」第4章]。
　それによると、
①土壌・水・森林・魚介類など更新性資源の利用は自然の再生力（Maximum Sustainable Yield: 持続可能な最大収量MSY）の範囲内にとどめる。
②化石燃料・良質鉱石・化石水など枯渇性資源の利用は、前項の更新性資源で代替ないし補填できる範囲内にとどめる。
③汚染物質の廃棄は自然生態系の浄化能力の範囲内にとどめる（ただし、前記2項でまかなえる範囲内では人為的な浄化処理も許されるであろう）。
　(略)デイリーの3条件は「社会と自然生態系の永続」という課題に応えるためには必須かつ正当な条件である。しかし「正当」だからといって、人々がこの制約を承認するとはいえない。なぜなら、これを認めると現に人々が享受している利便性（既得権）を大幅に手離さなければならないからである。★[99]

　河宮は、数ページ前の箇所で「手持ちの車の走行距離を減らすのが

最もすぐれた省エネ法」だといっている。これも「現に人々が享受している利便性」を手離すことではないか。他者（ここではH・デイリー）が利便性の断念を主張すると「人々が承認するとはいえない」と批判しながら、自分も同様に利便性の断念を主張するのは公平性を欠くと言わざるをえない。

　マクロ的な理念や方向性の提示も確かに重要だが、それと同時に「抵抗感の少ない利便性の縮小」のために具体的なアイディアも出してほしいものである。たとえば、「手持ちの車の走行距離を減らす」方法として、相乗りを増やすことによるガソリン代節約が考えられる。ある町内で、AさんとBさんが同じスーパーで買い物をするなら、両者のマイカーを交互に利用し、相乗りでスーパーを往復する。せめてこの程度のアイディアくらいは出していただけないものか。この本のタイトルが『成長停滞から定常経済へ』なのに、定常経済への道筋を明示していないのは、残念である。

　また、「成長なくして雇用なし」という固定観念をどうすれば払拭できるかについても、著者らの見解を述べてほしい。雇用を人質に取った成長の脅しが有権者の心に響く限り、成長主義から逃れることは困難だろう。再生可能エネルギー（自然エネルギー）にしても、結局は化石燃料依存に過ぎないと簡単に切って捨てるのではなく、そのエネルギー発生量／化石燃料使用量の比率がいくら以上ならば、現状の化石燃料全面依存に比べてこれだけましであり、しかも雇用増加にも寄与する、という詳しい解析が必要ではないか。すなわち、グリーンニューディールが成立する条件の明確化である。そうしないと、有権者の心には響かないだろう。

★しかし、われわれはいま《液体・気体化石燃料の有限性（希少性）と固体化石燃料の過剰性》というコンテキストのなかで《化石燃料問題》を再考することを迫られている。市場資本主義の特性が「最も能率的に化石燃料消費を拡大する」ところにあるとすると、将来的にはこのことが反対に深刻な欠陥になりかねない。

　将来、液体・気体化石燃料の希少下によって、または温暖化や水圏の酸性化によって、あるいは両者相まって、化石燃料の燃焼に規制が

かかるであろう。★ 100)

　市場資本主義の特性が上記のごとくであれば、市場を通じて化石燃料依存を軽減するということは、ほとんど不可能といっていいのか。化石燃料依存度のより低い技術を市場で競い合うというのは、定常経済への移行期における過渡的手段としても無意味か。そもそも、定常経済が実現した時、市場はどうなっているのか。定常経済実現と継続のためには、国家であれ何かの共同体であれ、個々人を越えた存在による精妙なコントロールが必要になりはしないか。もしそうなら、それは社会主義計画経済とどれほど異なるのか。それとも、定常経済の実現・継続には個々人を越えた存在の働きは不要なのか。あるいは、国家は不要だが、そのための共同体は必要なのか。そしてそれが、コモンズなのか。しかし、諸共同体間の連携をどこが（あるいは誰が）どうやって図っていくのか。諸共同体に任せておけば、あとは自然調和的に連携が実現するのか。疑問は次々とわいてくるのだが、筆者はこの本の中にヒントらしきものを見出せなかった。

★すべての国が「輸出拡大」を成長戦略にしたら、すべての国が共倒れに終わる。みな自国だけは勝ち残るつもりで勝負に出るのであるが、そもそも国際的に政策的な整合性を欠いている。そういう国家戦略をとることを「国際条約」で強制することは二重におかしい。
　（略）他方、すべての国が貿易収支の均衡をめざせばすべてに成功する可能性がある。すべての国が採用しても破綻しない政策を構築すべきである。定常経済もまた、原理的にすべての国で採用可能、成功可能な目標である。★ 101)

　これについて、理解はできる。だが、ここでも問題は、どうやって国際的に政策的な整合性をつけるのか、だ。2015年10月、環太平洋パートナーシップ協定（TPP）が大筋合意となり、状況は河宮が危惧する「すべての国が共倒れに終わる」方向へ動きつつあるようにも見える。TPP関係各国が政権交代等で方針を転換しない限り、この動きを変えることはできないのだろうか。あるいは、仮にTPPが発効

した場合、各国の国内で、TPP を逆手にとって海外の技術・ノウハウも導入しながら、定常経済の芽を育てていくことは不可能だろうか。なお 2017 年 10 月 5 日時点では、アメリカの TPP 離脱表明を受けて、アメリカ以外の 11 か国の間で協定の早期発効を目指して協議を行っている[102]。

引用文献
1) 槌田敦『石油と原子力に未来はあるか』p.53~54 亜紀書房 1978 年
2) 藻谷浩介 NHK 広島取材班『里山資本主義 - 日本経済は「安心の原理」で動く』p.71~73 角川書店 2013 年
3) 同上 p.27~38
4) 同上 p.46~63
5) 同上 p.30
6) 同上 p.61
7) 同上 p.50~51
8) 石岡敬三「新連載 ロケットストーブを楽しむ（上）」『現代農業』Vol.90 No.1 2011 年
9) 石岡敬三「ロケットストーブ、その「ケタ外れな燃焼効率」の秘密」『現代農業』Vol.90 No.12 2011 年
10) 槌田敦『石油と原子力に未来はあるか』p.93~94 亜紀書房 1978 年
11) 同上 p.96~97
12) 同上 p.101~103
13) 同上 p.103
14) M. モイヤー「核融合炉は本当に可能か？」『日経サイエンス』2010 年 6 月号 p.102~111（日本語訳は日経サイエンス編集部）
15) 井上信幸ら『トコトンやさしい核融合エネルギーの本』p.124 日刊工業新聞社 2005 年
16) 同上 p.28~29
17) 同上 p.27
18) 吉塚和治ら「海水からのリチウム回収」『プラズマ・核融合学会誌』Vol.87 No.12 p.796 2011 年

19）「核融合の夢」p.62『Newton』Vol.35No.1 ニュートン プレス 2015年
20）土谷邦彦ら「核融合炉ブランケットの先進中性子増倍材料としてのベリリウム金属化合物の開発」『プラズマ・核融合学会誌』Vol.83　No.3　p.207~214　2007年　特に、'1. はじめに' を参照のこと。
21）日本金属学会編『改訂6版 金属便覧』p.82 丸善　2000年
22）吉塚和治ら「海水からのリチウム回収」『プラズマ・核融合学会誌』Vol.87　No.12　2011年 p.797 図2より。なお、この図で海水中のイオン濃度の単位がmg/kgとなっているが、mg/tの間違いと思われる。
23）浅見輝男ら「原子吸光法による水中のベリリウムの定量」『日本土壌肥料学雑誌』Vol.51　No.4　p.345~347　1980年
24）井上信幸ら『トコトンやさしい核融合エネルギーの本』p.2 日刊工業新聞社　2005年
25）「核融合の夢」p.24『Newton』Vol.35　No.1 ニュートン プレス 2015年
26）西山彰彦「「地上の太陽」実現へ一歩」『日本経済新聞』p.17 2014年12月14日
27）槌田敦『石油と原子力に未来はあるか』p.176 亜紀書房　1978年
28）同上 p.222
29）太陽光発電技術研究組合『太陽光発電』p.94　ナツメ社　2011年
30）同上 p.89
31）槌田敦「CO_2温暖化説は世紀の暴論」『えんとろぴい』44号 p.20 1999年
32）「日本ではなぜ再生可能エネルギーが普及しないのか」『えんとろぴい』68号　2010年
33）槌田敦、『CO_2温暖化説は間違っている』p.137 ほたる出版　2006年
34）安藤多恵子「日本の太陽光発電の問題点—再生可能エネルギーの大幅導入を阻む原子力発電拡大政策と電力会社の地域独占体制」『えんとろぴい』68号 p.95~97　2010年

35) 小泉好延「日本の再生可能エネルギー：普及拡大と原則」『えんとろぴい』68号 p.109~111　2010年
36) 三好正毅「太陽光発電の新制度の効果と山口県における意義」『えんとろぴい』68号 p.193~196　2010年
37) 藤崎麻里「けいざい新話　太陽光　地域に根づけ」『朝日新聞』p.9 2014年10月15日
38) 経済産業省 News Release 平成26年6月17日 資源エネルギー庁「再生可能エネルギー発電設備の導入状況を公表します（平成26年3月末）」2014年
39) エントロピー学会編『「循環型社会」を問う　生命・技術・経済』p.9　藤原書店　2001年
40) 太陽光発電技術研究組合『太陽光発電』p.94~95 ナツメ社　2011年
41) 槌田敦『石油と原子力に未来はあるか』p.222~224 亜紀書房　1978年
42) 日本経済新聞社編『日経 資源・食糧・エネルギー地図』p.82 日本経済新聞出版社　2012年
43) 柴田明夫『図解 世界の資源地図』p.164~165 中経出版　2012年
44) 槌田敦『石油と原子力に未来はあるか』p.225~226 亜紀書房　1978年
45) 槌田敦『エントロピーとエコロジー -「生命」と「生き方」を問う科学』p.150~152 ダイヤモンド社　1986年
46) 同上 p.153
47) 松永和紀『食の安全と環境「気分のエコ」にはだまされない　シリーズ　地球と人間の環境を考える11』p.128~130 日本評論社　2010年
48) 槌田敦『熱学外論 - 生命・環境を含む開放系の熱理論』p.174　朝倉書店、1992年
49) 石弘之『感染症の世界史　人類と病気の果てしない戦い』p.80 洋泉社　2014年
50) 感染症辞典編集委員会編『感染症辞典』赤痢 p.106　腸チフス・パラチフス p.117　腸管出血性大腸菌感染症 p.126　エボラ出血熱 p.332　ノロ

ウイルス胃腸炎 p.432　ロタウイルス感染症 p.472　オーム社　2012 年
51)「希少資源リン、国内再利用　日立造船など堆肥・下水から回収」『日本経済新聞夕刊』p.1　2015 年 3 月 16 日
52) 松永和紀『食の安全と環境「気分のエコ」にはだまされない　シリーズ　地球と人間の環境を考える 11』p.130~131 日本評論社　2010 年
53) 岩淵令治「江戸のゴミ処理再考　〝リサイクル都市〟〝清潔都市〟像を越えて」『国立歴史民俗博物館研究報告』Vol.118　p.301~336　2004 年
54) 同上 p.304
55) 槌田敦『エントロピーとエコロジー -「生命」と「生き方」を問う科学』p.177　ダイヤモンド社　1986 年
56) 藻谷浩介 NHK 広島取材班『里山資本主義—日本経済は「安心の原理」で動く』p.60~61 角川書店　2013 年
57) 小倉康「2006 年 PISA 調査における科学的リテラシーの評価（講義室）」『大学の物理教育』Vol.14　No.1　p.17~18　2008 年
58) 室田武『エネルギーとエントロピーの経済学』p.152~154 東洋経済新報社　1979 年
59) 同上 p.165
60) 農林水産省生産局農産振興課「有機農業の現状と課題」p.4　平成 19 年 1 月（2007 年）
61) 松永和紀『食の安全と環境「気分のエコ」にはだまされない　シリーズ　地球と人間の環境を考える 11』p.133~134 日本評論社　2010 年
62) 同上 p.135~136
63) 同上 p.140
64) 農林水産省生産局農産振興課「有機農業の現状と課題」p.2 平成 19 年 1 月（2007 年）
65) 室田武『エネルギーとエントロピーの経済学』p.158 東洋経済新報社　1979 年
66) 福澤加津良「農業機械にも太陽光発電「ソーラー式長いもプランター」」『農家の友』Vol.63　No.9　p.32~34　2011 年

67) 室田武『エネルギーとエントロピーの経済学』p.103~104 東洋経済新報社　1979年
68) 村澤真保呂ら『里山学講義』p.282 晃洋書房　2015年
69) 室田武『エネルギーとエントロピーの経済学』p.172~173 東洋経済新報社　1979年
70) 同上 p.172
71) 同上 p.178~179
72) 同上 p.179
73) 同上 p.179~180
74) 同上 p.180
75) 同上 p.181
76) 同上 p.181
77) 同上 p.189~190
78) 安原昭夫ら「小型燃焼炉におけるダイオキシン類の生成実態」『第10回廃棄物学会研究発表会講演論文集』Vol.10　No.2P.805~807　1999年
79) 室田武『天動説の経済学』p.202~203 ダイヤモンド社　1988年
80) 伊藤公夫「製鋼スラグの肥料用途」『新日鉄住金技報』No.399 p.132~138　2014年
81) 志村亮「工場廃熱で野菜作り トヨタグループ宮城で雇用創出」『朝日新聞』p.9　2012年4月17日
82) 社説「エネルギー政策　もっと熱に目を向けよう」『朝日新聞』p.8　2012年8月13日
83) 室田武『水土の経済学 - エコロジカル・ライフの思想』p.260~261 福武書店　1991年
84) 野池達也ら『メタン発酵』p.117 技報堂出版　2009年
85) 澤山茂樹『トコトンやさしいバイオガスの本』p.133 日刊工業新聞社　2009年
86) 同上 p.132
87) 室田武『水土の経済学 - エコロジカル・ライフの思想』p.226 福武書店　1991年
88) 室田武『原発の経済学』p.128~129 朝日新聞社　1993年

89）同上 p.130~131
90）同上 p.133
91）同上 p.142
92）同上 p.143
93）同上 p.141～144
94）河宮信郎「太陽光の熱学的価値と地球のエントロピー代謝」『科学』Vol.55　No.4　p.223~229　1985年
95）槌田敦「学問を見失い、迷走する環境論議」『バウンダリー』Vol.14　No.8　p.2~9　1998年
96）河宮信郎「槌田論文はおかしい」『バウンダリー』Vol.14 No.9 p.2~7 1998年
97）河宮信郎『成長停滞から定常経済へ-持続可能性を失った成長主義を越えて-』「プロフィール」のページ　中京大学経済学部附属経済研究所　2010年
98）同上 p.21~22
99）同上 p.25
100）同上 p.38
101）同上 p.184
102）外務省HP「環太平洋パートナーシップ（TPP）協定交渉」2017年10月5日時点

第2部　サステイナビリティ学連携研究機構（IR3S）

第1章　IR3Sの概要

　サステイナビリティ学連携研究機構（IR3S）創設のいきさつなどについては、小宮山宏ら編、『サステイナビリティ学①サステイナビリティ学の創生』の「第1章　サステイナビリティ学の創生―持続型社会をめざす」に詳しく書かれている。ただし、ここでは東京大学の活動を中心として記述されている。これは、編者らがいずれも東京大学出身であり、その多くは2011年時点で同大学に在職している、あるいはそれ以前にしていたからだろうか。それとも、東京大学が本当にIR3Sの中心的存在だからなのだろうか。筆者には不明である。

　なお、編者らは、小宮山宏、武内和彦、住明正、花木啓祐、三村信男である[1]。また、第1章の執筆者は、武内和彦と小宮山宏である[2]。IR3S創設のいきさつを以下に示す。

★東京大学のサステイナビリティに関する本格的な取組は、1994年の「人間地球圏の存続を求める大学間国際学術協力」（Alliance for Global Sustainability；AGS）への参加にさかのぼることができる。当時の吉川弘之総長が、スイス連邦工科大学（ETH）のヤコブ・ニュイシュ学長、マサチューセッツ工科大学（MIT）のチャールズ・ベスト学長とともに、スイスの実業家で慈善団体を主宰するステファン・シュミットハイニー氏の多額の資金援助を得て、3大学でAGSを結成することに同意したのである。（略）

　AGSを東京大学として推進していくために、サステイナビリティに関する文理にまたがるさまざまな専門分野の研究者が結集した。この分野に関する学際的研究を推進するために、学内公募による研究テーマの募集も行った。（略）

　いっぽう、1998年には、（略）柏キャンパスに新領域創成科学研究科が設立され、「学際」を超えた「学融合」の理念がうたわれるとともに、環境学専攻が設置された（略）。これらの取組から、東京大学において、いっきょに環境学を基礎としたサステイナビリティについての研究教育が進展したのである。★[3]

「さまざまな専門分野の研究者が結集」して環境学に取り組むのはよいとして、武内らがAGSへの参加で特に学んだとする以下の記述については、疑問を感じる。

★AGSへの参加でとくに学んだのは、当時の東京大学では全学的に展開されていなかった産学連携に対する積極姿勢である。ボストンのMITで開催されたAGS年次総会の祝宴で大企業のトップを主賓に迎える大学文化には正直驚いた経験がある。これは大企業からの研究教育に対する資金援助への強い期待の表れであると同時に、大学と産業界との結びつきの強固さの反映でもあると思われた。
　AGSに参加した当初は、他大学がさかんに使う「アウトリーチ」という言葉にはなじみがなかった。しかし約15年のAGS活動を経て、社会との双方向の対話を通じて持続型社会をめざすための大学における研究成果の社会への発信、すなわちアウトリーチが重要であることを実感できるようになった。★[4)]

　企業からの資金援助をベースにした産学連携が産学癒着に陥らないようにするにはどうすべきか。大学がスポンサーである企業に率直にものが言えるのかどうか。このような産学連携で、大学が企業の耳に心地よく響くことばかりを言う傾向が強まりはしないか。筆者は、これらのことを危惧する。また、企業は社会の重要な構成要素だが、企業＝社会ではない。産学連携は、そのままでは「社会との双方向の対話」にはならないのではないか。
　さて、AGSの活動を経て、サステイナビリティ学連携研究機構(IR3S)が誕生する。その経過は次の通りである。

★こうしたAGSの活動の成果をふまえて、サステイナビリティに関して全学に膨大に蓄積された知識を構造化し、地球持続性の鍵を握る成長著しいアジアのサステイナビリティへの取組を推進する目的で、科学技術振興調整費（戦略的研究拠点育成）に「国際サステイナビリティ戦略研究機構構想」の課題名で応募することになった。（略）
　この申請に対して、科学技術振興調整費審査部会と総合科学技術会

議から、東京大学単独で事業を進めることについて疑義が呈された。(略)

そこで関係者が協議し、この分野において、東京大学にとどまらず日本全体の大学・研究機関の(略)ネットワーク型研究拠点形成へと申請内容を大きく変更することになったのである。

再提出された課題名が「サステイナビリティ学連携研究機構構想」である。サステイナビリティ学連携研究機構の英語名は、(略)Integrated Research System for Sustainability Science（略してIR3S）とした。このIR3Sが、戦略的研究拠点育成の初年度に参加機関の提案公募を行い、英文での提案書の提出を求めた。

15機関から応募のあった提案書は、(略)国際第三者評価委員会の場で厳正に審査され、最終的に東京大学を含む5つの参加大学が決定された。★[5)]

その5つの参加大学とは、東京大学、京都大学、大阪大学、北海道大学、茨城大学である[6)]。これらの参加大学とは別に、個別研究課題を扱う協力機関が設けられた。その協力機関は、東洋大学、国立環境研究所、東北大学、千葉大学、早稲田大学、立命館大学である[7)]。執筆者らは、★こうした協力機関が、参加大学の研究活動を補完しながら、全体としてサステイナビリティ学創生をめざす日本チームが結成されたということができよう★[7)]と語る。

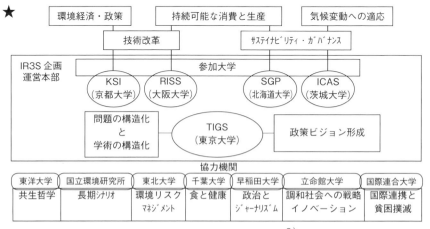

図 1.4　IR3Sの組織図★[8)]

その「日本チーム」の組織図を前頁に示す。
　この組織図を見ても、東京大学の存在感は圧倒的である。各参加大学名の上にある英文字略語の意味は、次の通りである。

★ TIGS（Transdisciplinary Initiative for Global Sustainability）は知の構造化による地球持続戦略の構築、KSI（Kyoto Sustainability Initiative）は社会経済システムの会編と技術戦略、RISS（Research Institute for Sustainability Science）はエコ産業技術による循環型社会のデザイン提言、SGP（Sustainability Governance Project）は持続的生物生産圏の構築と地域ガバナンス、ICAS（Institute for Climate Change Adaptation Science）はアジア・太平洋の地域性を生かした気候変動への対応、（略）★[7]

　武内らは、IR3S の現在の活動（ただし2011年時点）について、以下のように紹介している。

★（略）サステイナビリティ学では「問題と学術を構造化し、サステイナビリティに関する指標と基準を明確にしながら、自然科学と人文社会科学を融合させた俯瞰型学術体系の構築」が必要である。こうした認識にもとづき IR3S が現在、重点的に取り組んでいるのは、低炭素社会、循環型社会、自然共生社会の融合による21世紀持続社会の構築である。★[9]

★（略）現在 IR3S が地球環境戦略研究機関（IGES）とともに取り組んでいるのが、環境省地球環境研究総合推進費による「アジア太平洋地域を中心とした持続可能な発展のためのバイオ燃料利用戦略に関する研究」である。（略）
　この研究は、バイオ燃料の増産が食糧生産と競合しないか、また生態系の破壊につながらないかを、社会経済的分析や、ライフサイクルアセスメントによって明らかにし、さらには第2世代バイオ燃料の技術開発がそれらの関係をどう変えるのかを予測することで、バイオ燃料利用のあるべき姿について提言しようとするものである。★[10]

★成長著しいアジアでは、エネルギー需要の増大にともない二酸化炭

素が急激に増加し、気候変動をさらに深刻化させることが懸念されている。IR3Sでは、昭和シェル石油株式会社と共同して「エネルギー持続性フォーラム」を設立し、日本を含むアジアを中心としたエネルギーの将来について検討を行っている。

このフォーラムでは、生産技術研究所の西尾茂文教授らが提唱した2030年までにエネルギー効率を50％にまで高め、化石燃料の割合を50％にまで下げ、さらにエネルギー自給率を50％にまで高める「Triple 50」の提案を、湯原哲夫特任教授らが中心となって中国に展開し、2050年までにTriple 50を実現するための道筋を示している（図1.8）。★[11]

「問題と学術の構造化」や「自然科学と人文社会科学の融合」など、サステイナビリティ学の目標は、単に言葉を目で追う限りでは確かに壮大かつ先進的である。ただ、その中身はどうなのか、これらの言葉だけでは筆者には具体的イメージがわいてこない。

まや、「バイオ燃料の研究」については、食料生産との競合や生態系の破壊は深刻な問題だが、その前にそもそもバイオ燃料によってCO_2削減が可能となる条件の検討が必要ではないか。

「Triple50」についても、これは原子力の利用拡大を手段の一つにしているが（図1.8がそれを示すが、本書では割愛）、3.11以後もこの考え方に変わりはないのどろうか。

以下の章では、第1部と同様に、IR3S関係者の著作や論文を紹介し、それに対する筆者のコメントを述べてみた。

引用文献
1) 小宮山宏ら編『サステイナビリティ学①サステイナビリティ学の創生』p.175の次のページ（執筆者一覧、編者紹介のページ）　東京大学出版会　2011年
2) 同上 p.9
3) 同上 p.14〜15
4) 同上 p.16
5) 同上 p.17〜18

6）同上 p.18
7）同上 p.20
8）同上 p.19
9）同上 p.24
10）同上 p.25
11）同上 p.26 〜 27（図 1.8 は p.27 に掲載）

第 2 章　IR3S 関係者の基盤論

　IR3S のホームページには、サステイナビリティ学の教科書として、以下の 5 冊が紹介されている[1]。編者は、いずれも小宮山宏、武内和彦、住明正、花木啓祐、三村信男、発行所は東京大学出版会である。

- 『サステイナビリティ学①サステイナビリティ学の創生』2011 年
- 『サステイナビリティ学②気候変動と低炭素社会』2010 年
- 『サステイナビリティ学③資源利用と循環型社会』2010 年
- 『サステイナビリティ学④生態系と自然共生社会』2010 年
- 『サステイナビリティ学⑤持続可能なアジアの展望』2011 年

　以下では、これらの著作に基づきながらサステイナビリティ学の基盤論を考察する。また、IR3S では、和文の啓蒙雑誌として『サステナ』をウェブサイトで刊行している。これは、「地域、社会、人間の未来について真剣に考えようとする人のための雑誌」[2] とのことである。表紙には、「地球環境・社会・人間について真剣に考えたい人のために」[2] と書かれている。この雑誌について、編集長の住明正は、「IR3S に集められた知識を社会に向けて発信していく」[3] と述べている。この雑誌への投稿者も IR3S の関係者に含め、必要に応じて（特に第 3 章で）その記事を引用していく。

2.1　基盤論への導入
　上記 5 冊の中で、『サステイナビリティ学①サステイナビリティ学の創生』は、サステイナビリティ学教科書の第 1 巻に相当する。この本の各章のタイトルと執筆者名を以下に記す。
「序章　サステイナビリティ学とはなにか」小宮山宏・武内和彦
「第 1 章　サステイナビリティ学の創生 - 持続型社会をめざす」武内和彦・小宮山宏
「第 2 章　サステイナビリティ学の概念 - フレームワークをつくる」吉川弘之

「第3章 サステイナビリティ学と構造化 - 知識システムを構築する」梶川裕矢・小宮山宏
「第4章 サステイナビリティ学とイノベーション - 科学技術を駆使する」鎗目雅
「第5章 長期シナリオと持続型社会 - 将来可能性を見通す」増井利彦・武内和彦・花木啓祐
「第6章 サステイナビリティ学のネットワーク - グローバルに協働する」武内和彦・小宮山宏
「終章 持続可能で豊かな社会を求めて」武内和彦

編者らによると、この本は次のような特徴を有する。

★複雑な問題を俯瞰的にとらえ、長期にわたる問題解決へのビジョンを提示するために欠かせないのが、知識と行動の構造化である。第1巻では、そうした構造化の具体的手法も含めたサステイナビリティ学の概念と方法が述べられる。★[4)]

筆者が読んだところ、サステイナビリティ学の基盤論は、主にこの本の中で、特に第2章と第3章で展開されているようだ。そこで、これらの章を中心として基盤論を考えてみる。
　さて、本文の1ページ目（序章）で、早くも気になる記述が出てくる。

★（略）地球温暖化、資源枯渇が危惧される一方で大量の廃棄物の発生、（略）生物多様性の減少、このような人為起源による地球規模の環境問題が指摘されて久しい。しかし、こうした問題に対して解決のめどがたったのは、フロンによるオゾン層の破壊などごくわずかである。なにが問題の解決を困難にしているのであろうか。その要因としては、問題が国境を越えて広がり、しかも問題の原因と結果が複雑多岐にわたっているため、問題解決への道筋が複雑であることがあげられる。
　こうした状況は、局地的な公害問題が大きな社会問題であった1960~70年代にはみられなかったことである。公害問題は比較的原因と結果がはっきりしていた。また、それを扱う科学も、たとえば大気

汚染、水質汚染、騒音といったように、特定の分野を明確にしたうえで、科学的に対処可能なものが多かった。その成果はめざましく、わが国は公害問題の克服にもっとも成功した国といわれるまでになった。しかし、地球規模の環境問題は、(略)さまざまな科学的知識を結集しないと、問題解決への道筋を示すどころか、現象そのものの理解すらできないこともある。★[5]

　小宮山らは、1960~70年代の「局地的な公害問題」は「比較的原因と結果がはっきりして」おり、「特定の分野を明確にしたうえで、科学的に対処可能なものが多かった」と述べている。だが、この認識は筆者には大いに疑問である。
　たとえば、「局地的な公害問題」であったはずの水俣病の原因解明になぜあれだけ時間がかかったのか。以下の年表は、政野淳子による水俣病略年表[6]で1956~1968年の記述から原因解明に関する部分を抜き書きしたものである。

水俣病略年表（原因解明関連）

1956	5 チッソ病院が保険所に原因不明の病発生報告（公式確認）。 8 熊大が研究班設置
1957	3 熊大研究班の実験で水俣湾内の魚を食べたネコが発症。 7 厚生科学研究班の実験で水俣湾内の魚を食べたネコが発症。
1958	7 厚生省が化学毒物はチッソ水俣工場の廃棄物が影響、セレン、タリウム、マンガンの疑いと通達。チッソが「水俣奇病に対する当社の見解」で厚生省に反論。
1959	7 熊大研究班が百間排水口から水銀を検出。熊大研究班が「原因物質は水銀化合物」と発表。 9 日本化学工業協会が旧海軍の爆薬説を主張。 10 チッソ水俣工場の排水でネコ400号が発病。厚生省食品衛生調査会水俣食中毒特別部会が「原因は有機水銀化合物」と結論。 11「水俣食中毒に関する各省連絡会議」で熊大研究班が有機水銀説を主張。
1960	1 経済企画庁の水俣病総合調査研究連絡協議会で「有毒アミン説」
1962	8 熊大研究班がアセトアルデヒド工場の水銀滓からメチル水銀抽出。
1965	6 新潟水俣病発生。
1968	5 チッソが水俣工場でのアセトアルデヒド製造中止。 9「水俣病の原因はチッソおよび昭和電工の工場排水に含まれるメチル水銀である」と政府統一見解を発表。

　1959年に熊大研究班が「原因物質は水銀化合物」と発表してから、1968年に政府が「水俣病の原因はメチル水銀である」と統一見解を発表

するまで9年もかかったのである。その間に、多数の慢性水俣病患者が発生し[7]、水俣病の被害が拡大した[8]。

　原因解明に関する動向をもう少し詳しく見ることにする。1959年7月熊大研究班による有機水銀説の発表後、チッソは同年7月に「所謂有機水銀説に対する工場の見解」、同年9月に「有機水銀説の納得し得ない点」を発表した[9]。これらの概要は以下の通りである。

・「所謂有機水銀説に対する工場の見解」
★（略）水銀を触媒として使って生産しているので、一部の水銀は排出され水俣湾に蓄積されているが、それは無機水銀であり、また、生産工程の途中で有機水銀のできる可能性もこれまで報告は無く、むしろ有機水銀農薬の方が問題である（略）、有機水銀説は化学常識からみて疑問があり、単なる推論にすぎない（略）★[10]

・「有機水銀説の納得し得ない点」
★有機水銀は有機化機構が未解明、世界的にも水銀を使う同種の工場がありながらなぜ水俣だけで起こるのか、（略）これまではマンガン、セレン、タリウムでも水俣病に酷似する臨床・病理所見が得られたなどと言ってきたので信用できない（略）★[10]

　チッソのほかにも、有機水銀説に対する反論は相次いだ。1959年9月に日本化学工業協会の大島竹治理事が「爆薬説」を発表した。これは水俣病の「原因は敗戦時に湾内に捨てられた旧海軍の爆薬だ」[10]というものである。
　また、1960〜61年に経済企画庁主管で「水俣病総合調査研究連絡協議会」（以下「連絡協議会」と記す）が計4回開催された[11]。この中で第2回連絡協議会において、東京工業大学の清浦雷作教授より「有毒アミン説」が提示された。これは、水俣の貝から分解したアミンという成分をネズミに注射すると水俣病に似た病気を起こすというものである[12]。第3回において、熊本大学の内田槇男教授は、水俣湾の貝類から有機水銀結晶を抽出したと報告した。これに対し、第4回で、国立衛生試験所の川城巌は沼津産サバ、南方マグロからも水銀が検出される

と報告した。清浦は横須賀産貝類から内田と同じ結晶が得られたと報告した。九州大学の富山哲夫教授は、（水俣病は脳疾患であるが）放射性元素実験で、動物の脳中には水銀は蓄積されないと報告した（ただし、富山が実験に用いたのは無機水銀である）[13]。

このように、有機水銀説は多くの異論・反論にさらされたのである。もし私たちが水俣病のことをまったく知らずに当時の科学的議論の渦中へ投げ込まれたら、はたして「それでも有機水銀説は正しい」と確信できただろうか。現時点での知識・情報で過去を振り返るから、「公害問題は比較的原因と結果がはっきりしていた」といえるのではないか。

「局地的な公害問題」でも、決して原因解明は容易ではない。特に、その原因が企業の生産と直結する時は、なおさらである。その場合に、サステイナビリティ学は、迅速で適確な原因解明をサポートできるだろうか。それとも、小宮山らは「そもそも局地的な公害問題を対象とはしていない」というのだろうか。

「局地的な公害問題」と地球規模環境問題を区別し、後者に特化しようとする彼らの姿勢には、別の観点からも筆者には異論がある。すなわち、本当に普遍的な学問なら両者を統一的に取り扱えるはずだと筆者は考える。たとえば、ニュートンの運動法則とアインシュタインの（特殊）相対性理論を取り上げてみよう。両者の関係は、ただ単純に前者が否定され、後者にとって代わられたというものではない。砂川重信の本[14]を参考または引用して、両者の関係を以下に説明する。

右図[15]のように、座標系K、Kに対してxの方向に一定の速さvで運動している別の座標系K'、運動している質点mを考える。

この図において、ニュートンの法則では（17）式の関係がある。

$x'=x-vt$　　　　（17）

この関係をガリレイ変換という。一方、相対性理論ではローレンツ変換と呼ばれる（18）式の関係となる。

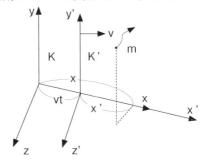

$$x' = (x - vt)/\{1 - (v/c)^2\}^{1/2} \qquad (18)$$

(18)式の★右辺で、v/c→0の極限をとってやる。つまり、ローレンツ変換で、K系に対するK'系の速さvが、光の速さcに比べてきわめて小さい場合を考える。するとこのとき、(略)ローレンツ変換は(略)ガリレイ変換に一致する。実際、ローレンツが、ローレンツ変換を考えるとき、物体の速さvが小さいとき、ガリレイ変換に一致するようにと心がけて創ったのだ。これは、新しい理論を構成するときには、いつでも考慮しなければならないことで、この要求を**対応原理**という。この原理は、量子力学が形成される過程では、とくに重要な役割を果たしたもので、また将来のすべての新理論にも適用されるだろう(略)。物理学における革命というものは、たしかに古い法則を否定するけれど、しかしそれを全面的に破壊してしまうのではなくて、古いものを特殊な場合として包含するような形でおこなわれるのだ。古い法則も、その時点における正しい実験事実にもとづいて構成されたことを考えると、そうでなければならないはずだ(略)。★[16]

　はたしてサステイナビリティ学は、局地的問題への対応を包含した上で地球規模問題に取り組もうとしているのだろうか。すなわち、サステイナビリティ学は「対応原理」を有するのか。
　サステイナビリティ学とは何かについて、さらに詳しく見ることにする。序章で、小宮山宏・武内和彦は、サステイナビリティ学を次のように表現する。

★私たちは、サステイナビリティ学を、(略)新しい知識の体系化にもとづく、新たな学術体系と考えている。すなわち、サステイナビリティ学は、細分化された学術では、持続可能性にかかわる複雑な問題は解決できないという認識にもとづき、個別学術を統合化し、複雑な問題を構造的にとらえる新たな学術体系である。サステイナビリティ学では、地球持続性に関する複雑な問題を俯瞰的に理解するための知識のイノベーションとともに、問題を解決するための科学技術や社会システムのイノベーションを包含した長期シナリオの策定やビジョンの提示が重要な課題である。★[17]

この表現では、筆者にとってまだ抽象的であり、具体的なイメージがわいてこない。サステイナビリティ学では、体系、統合、構造を重視していることは何となく感じるが。次節では、吉川弘之のサステイナビリティ学を紹介する。

2.2　吉川弘之の『ループ論』
　この本の「第2章 サステイナビリティ学の概念」で、吉川弘之は伝統的な科学（現在の科学）とサステイナビリティ学（持続性科学）を対比させながら、後者の輪郭を描こうとしている。吉川によれば、現在の科学は以下の特徴を有する。

★現代の科学は、対象を個々にばらばらに分けてみるために、さまざまな領域に分かれている。このことは現在の大学教育に端的に表れている。ある大学では、工学の専攻が20以上もあり、何十人もの教授がそれぞれ異なる研究をし、（略）
　工学では、（略）さまざまに有用な人工物をつくってきた。ところが、その人工物が現実の世界に出ていき、人工物どうしが出会ったときに何が起こるのか（略）といったことは考えられてこなかった。
（略）私たちは、学問の縦割りのために（略）、整合性のない人工物世界をつくってきたといわざるをえない。
　現代の科学は多くの領域をつくり、領域内での整合性を保ちながら、その知識を増加していった。そしてそのうえで、それを根拠とする領域固有の行動能力を拡大していったのである。
（略）ばらばらにつくられた人工物による人工環境が形成され、その形成に利用された自然環境も含めて環境の劣化をもたらすこととなった。（略）地球温暖化、環境劣化、資源の枯渇、人口爆発と貧困といった新たな現代の「邪悪なるもの」が生じたのは、以上に述べたような過程で生じた知識がばらばらである状態に起因しているといえる。
（略）現代の「邪悪なるもの」は、（略）人間が善意を持ってなしとげた行為のなかに、あるいはすでに意識のなかに潜んでいて、それが人間の知らないところで成長し、あるとき突然人間に襲いかかってくる

ようなもの（略）。いいかえれば、自分のしたことが自分にもどってくる再帰的（recursive）なものであって（略）★ [18]

★現在の科学は、宇宙に存在するすべてを対象として、そこに一般的な法則を見出そうとしてきた。（略）現代の科学では、得られた知識を宇宙のどこでも成立する普遍法則へと抽象化していくほど高度な知識であると評価される。★ [19]

★現在の科学において観測してきた対象は、おもに安定的に存在するものである。変化していないものが重要であって、変化は変化しないものから計算で求めることができるというのが基本的な立場である。

　ギリシャの哲学者デモクリトスは、自然はつぶつぶ、アトムから成り立っていると主張した。現在の科学が大成功したのは、この思想に忠実にしたがって観測する対象を小さいつぶつぶへと分けていったことにある。細かく分けていって、ついに変化せずに存在するものに到達し、それを存在の基本と位置づける。[20]

★現在の科学における理論は、実験室で純粋な条件をつくって検証される。実験で理論的予想が実現すれば理論はたしかに正しいということになる。★ [21]

★人間には、分析（analysis）する思考能力と、構成（synthesis）する思考能力がある。現在の科学は対象の分析がおもな目的であり、事実多くの分析を行ってきた。（略）科学の主要部分は演繹（deduction）と帰納（induction）という構造からできている。演繹は、ある前提に対して正しい論理を展開していく。（略）帰納は数多くの現象を比較して法則性を見出していく。★ [22]

★現在の科学は社会に大きな貢献をしたのであるが、貢献が科学の目的であったわけではない。分化した個別の分野をつくり知識生産の効率を上げて知識の蓄積の増大を目的としていたのであり、それを使って社会に価値を生みだすのは社会の側の仕事とされていたのであった。★ [23]

　以上が、吉川による現在の科学の特徴とされることがらである。これでは人類が直面する地球規模の問題は解決できないということで、サステイナビリティ学が提唱されているわけだが、吉川は、その特徴

を次のように述べる。

★サステイナビリティ学の目的は、現在の科学と同じようにすべてを理解するための知識を得ることを前提としているが、得られた知識の使用が知識間の関係を理解した場合にのみ許されるという点が現在の科学的知識と異なる。（略）領域ごとに独立な知識を量的に拡大していくと同時に領域を超えて知識を俯瞰し、知識間の関係を知ることによって領域の質的な変化を求めるのである。★[24)]

★サステイナビリティ学が対象とするのは私たち人類の問題である。地球上にあるもの、ときには非常にローカルにしか存在しないものが対象となる。ここにある1本の植物が対象となるとき、植物一般に通じる法則が基礎としては重要であるが、それがその植物に対応するときにもっとも重要な知識になるとは限らない。普遍法則へと抽象化していくよりも、現実化、具体化すればするほど研究が進展した、とサステイナビリティ学では考えるようになるだろう。★[24)]

★ギリシャ哲学にはもう1つの重要な視点があった。ヘラクレイトスの「万物は流転する」という主張である。（略）

　私たちの知識は、安定的に存在する物質については深められてきたのに、変化し流転することについての知識は、存在物に固有の局所的な実験によって確認できる変化にとどまっていて、長期にわたる巨視的な変化についてはきわめて乏しい段階にある。地球の生成、地形の形成、気候変動、地球上の物質移動、生物種の誕生・進化・絶滅、生物の多様性など、サステイナビリティ学にとって重要になると考えられている科学の分野は、万物流転の視点に立つことが求められる。（略）万物流転の視点を科学として精緻化していくためには、顕微鏡と望遠鏡だけでは足りない。時間軸も入れた4次元まで拡大する第3のレンズ、すなわち4次元レンズが必要である。たとえば、気候変動が100年後にどのようになるのかを見るためのレンズである。現在のところ高速計算でシミュレーションするコンピュータがこの4次元レンズに相当するだろう。★[25)]

★（略）サステイナビリティ学で問題となるのは、現実の世界における持続可能性であって、純粋な条件を設定して実験室で実験するのは

不可能だということである。本質的に現実の世界でやってみる以外に、理論が正しいとたしかにいうことはできないと思われる。
（略）サステイナビリティ学における理論の検証は、現実世界での時間的変化の観察を必要とする。その場合、少し試しては結果を見て、その結果にもとづき、つぎにまた試して結果を見るという試行錯誤（try and error）の積み重ねにならざるをえない。★ 26)

★（略）人間には、道具をつくる、建築物を設計する、小説を書くなど、新たなものを構成する能力がある。構成の論理はなにであるか。チャールズ・サンダース・パースというアメリカの物理学出身の科学哲学者（略）は、仮説的推論＝アブダクション（abduction）がそこに働いていることを指摘した（Peirce,1931）。（略）
サステイナビリティ学は持続的な現実をつくることが目的であり、分析を中心とする現在の科学とはその点で本質的なちがいがある。分析か構成か、それは現在の科学とサステイナビリティ学とを分けるもっとも重要な切り口である。構成について私たちはまだわずかしか知っておらず、その進展とサステイナビリティ学の進歩が並列的に進むことが重要であると考えられる。★ 27)

★（略）サステイナビリティ学では、研究が進展すればよいのでも、知識が増えればよいのでも、個別的課題に役に立つ考え方が得られればよいのでもない。これらのどれかを満たせばよいのではなく、それらを含んで社会のなかに研究成果を同化させ、現実社会に持続可能性を実現することがその使命であり目的であると考えなければならない。★ 28)

　吉川は、サステイナビリティ学の特徴を上記のように述べている。筆者は、吉川の見解に対していくつかコメントしたい。
　まず、彼の現在の科学に対する見解について取り上げる。「現在の科学では、学問の縦割りのためにさまざまな領域に分かれてばらばらに人工物がつくられ、整合性のない人工物世界によって環境の劣化がもたらされた」という吉川の認識については、筆者も一理あると考える。ただ、それは1960~70年代の「局地的な公害問題」において、すでに現れているのではないか。再び水俣病を例にとると、

チッソ水俣工場でアセトアルデヒドの生産に用いた触媒は、無機水銀（原料は酸化水銀あるいは硫酸水銀）だった[29]。これに助触媒として、1951年までは二酸化マンガンが使用されていた[30]。その後、助触媒を第二鉄イオンと濃硝酸に変更した[31]。無機水銀＋二酸化マンガンでもメチル水銀は生成していたが、この変更によりメチル水銀の生成量は約5倍に増えた[30]。さらに、「プロセス用水の管理が悪く反応器内の塩素イオン濃度が高かったため、反応器内で生成したメチル水銀が蒸発しやすい塩化メチル水銀になっており、そのため系外に出やすかった（略）」[32]。アセトアルデヒドの生産における触媒反応という1つの領域でも、無機水銀、第二鉄イオン、濃硝酸、塩素イオン濃度の高いプロセス用水という「整合性のない人工物」の組み合わせにより、悲惨な公害病が引き起こされたのである。学問の縦割りや細分化は、整合性の欠如をもたらしやすいかもしれないが、1つの領域内だからといって決して安心はできない。

それでは、何が問題なのか。ここで吉川が「再帰的」と表現したことがらに注目したい。問題は、「再帰的」の中身である。彼は、現代の「邪悪なるもの」は、人間がなしとげた行為のなかに潜んでいて、それが人間に襲いかかるといい、これを再帰的と呼ぶ。水俣病においても、チッソという人間組織による行為の結果が、住民という人間共同体に襲いかかった。しかし、この「再帰性」は地域の社会的強者の行為が弱者に降りかかったものである。しかも、チッソの関係者が比較的早い時点で「原因はアセトアルデヒド製造工程の廃水」であることを示唆する実験結果を得ていた。すなわち、1959年、チッソ付属病院で行なわれていたネコ実験で、同廃水を直接餌にかけて投与していたネコが発症した[33]。1961年には、チッソ水俣工場技術部で、同廃水からメチル水銀化合物の結晶が抽出された[34]。だが、チッソは適切で迅速な対策をとらなかった。西村らは、チッソの★とにかくモノができさえすればいい、安全性は二の次三の次で、まして環境破壊など眼中にないという、創業以来チッソが一貫して持っていた技術体質★[35]を指摘する。これは、吉川がいうような「人間が善意を持ってなしとげた行為」とは真逆だろう。このような「人間のダークな部分」に関する洞察が、吉川の議論には欠けている。残念ながら、「人

間のダークな部分」に由来する問題は、今日でもしばしば見聞される。一例をあげると、フォルクスワーゲン（VW）による排ガス規制の不正である。これは、VW がディーゼル車の排ガス量を違法に操作するソフトの使用で排ガス試験を不正に逃れていたという問題である[36]。「人間のダークな部分」とは、「誘惑に対する人間の弱さ」と言い換えることもできるだろう。

　強者が原因をつくり、弱者がその悪しき結果に苦しむ。この「因果の不平等性」は、現代の「邪悪なるもの」にも見出される。たとえば、地球温暖化では、IR3S 関係者である三村信男が『サステイナビリティ学②気候変動と低炭素社会』の中で次のように述べる。

★気候変動の影響は、開発途上国に強く現れる。とりわけ、後発開発途上国は、現在でも社会経済的基盤が脆弱であるうえ、将来、非常に厳しい影響にさらされると予想される。★[37]

　ここで、先進国を強者、途上国を弱者とみなせば、地球規模でも因果の不平等性が当てはまるのではないか。やはり、「局地的な公害問題」と地球規模問題の間には飛躍や断絶ではなく連続性があるととらえるべきだろう。前者から歴史的教訓を学んで後者に活かすことが必要であり、それによって、両者が対応原理でつながると筆者は思うのである。

　吉川は、現在の科学の基本的な立場を「変化していないものが重要であって、変化は変化しないものから計算で求めることができる」と考えている。熱力学を例にとると、確かに、第一法則はそのように言うことも可能だろう。第一法則によれば、変化の前後でエネルギーの総量は不変である。しかし、第二法則では、一般に変化の前後でエントロピーや自由エネルギーは変化する。科学者は、安定的存在だけではなく長年にわたって万物流転の本質も追究し続け、その成果の１つがエントロピーや自由エネルギーを内包する熱力学という学問ではないか。変化の重要性を強調する吉川が熱力学について言及しないのは奇異に感じる。ただし、筆者は、第１部で述べたようにエントロピー論者が主張する一種のエントロピー一元論には与しない。

吉川は、「人間には、分析（analysis）する思考能力と、構成（synthesis）する思考能力がある。現在の科学は対象の分析がおもな目的であり」、また「科学の主要部分は演繹（deduction）と帰納（induction）という構造からできている」と述べている。彼は、現在の科学が構成を目的とせず、構成の論理である仮説的推論＝アブダクション（abduction）が働いていないと考えているようである。しかし、アブダクションは科学においてすでに当然のこととして用いられてきたのではないか。戸田山和久は、科学におけるアブダクションとして、以下の例を紹介する。

★天王星の軌道は、ニュートン力学で計算すると、どうしても観測結果と合わない。しかし、天王星よりもさらに外側にもう一個惑星があって、それが天王星の軌道を乱していると考えれば、天王星の動きに説明がつく。だから、おそらく、天王星の外側にもう一個惑星がある、という推論がアブダクションです。そのとき、こういう仮説を置けば、うまく説明できる。だからおそらくその仮説は正しいだろう。このような推論です。★[38)]

　このようにアブダクションが科学で重要な役割を果たしていることを考えると、「現在の科学は対象の分析がおもな目的」と断定することは無理があると筆者は思う。
　吉川は、「現在の科学は（略）知識の蓄積の増大を目的としていたのであり、それを使って社会に価値を生みだすのは社会の側の仕事とされていたのであった。」とも言っている。それでは、工学は科学それとも社会の側にあるのか。彼は、現在の科学を語る中で、工学を例にあげて、学問の縦割り・細分化とそれにより各々は有用だが組み合わされると整合性がない人工物の弊害を指摘している。これを読むと、吉川は工学を現在の科学の一部と見なしているようである。そうであるならば、単に科学に関する一般論を述べるのではなく、実際にものつくりに携わる工学についてもっと掘り下げて議論すべきだろう。特に、工学の過去を振り返り、光だけではなく影の側面についても考察する。それが、「歴史的教訓を学んで活かす」ということである。
　次に、吉川のサステイナビリティ学に関する考察を見ていく。

吉川は、サステイナビリティ学について「得られた知識の使用が知識間の関係を理解した場合にのみ許されるという点が現在の科学的知識と異なる」と述べる。それでは誰が、あるいは何が得られた知識の使用を許したり許さなかったり、一定の条件で規制したりするのか。ここでは判断の主体が不明である。実際に研究開発や生産に従事する技術者や研究者か、それともサステイナビリティ学者か。前者がサステイナビリティ学の素養を身につけて日々の業務の中で判断するのか。後者が積極的に社会に提言するのか。新物質や新技術は次々と世の中に登場している。これらの安全性を確保するための具体的・現実的な方針が必要だが、サステイナビリティ学ではどのように取り組むのか。ただ、吉川は、彼が担当した章の終りで、サステイナビリティ学を創出する主体について言及している。主体問題に関しては、そこで再びコメントしたい。

　吉川は、「万物流転の視点を科学として精緻化していくためには、(略)時間軸も入れた4次元まで拡大する(略)4次元レンズが必要である」と言う。例として、気候変動が100年後にどのようになるのかを見るため、高速計算でシミュレーションするコンピューターをあげている。しかし、コンピューターが数値計算しているのは、現在の科学によって与えられた方程式である。すなわち、運動量保存、質量保存、エネルギー保存などの諸法則をベースにした方程式である[39]。そもそも、これらの方程式が時間の変数として成立しているからこそ、コンピューターで各物理量の時間変化を計算することができるわけだ。それは何もサステイナビリティ学が提唱したからそうなったのではなく、現在の科学の発展の中で行なわれてきたことである。現在の科学は、もともと「万物流転の視点」も持ち、時間変化を意識していたから時間の関数として方程式を確立したのだと筆者は考える。

　また、コンピューターの利用についても、地球温暖化の研究で有名な真鍋淑郎は、すでに1985年の論文で、気候のシミュレーションには大気大循環モデルの計算が必要だが、その膨大な数値計算のためにコンピューター（彼の論文では高速計算機）が使われている[40]と述べている。別にサステイナビリティ学から改めて言われなくても、長期予測のために研究者はコンピューターを利用している。それでも、

現在のコンピューターを用いて数ヶ月間の計算で答えが得られるように気候モデルのスペック（性能）を決めている、というのが実状である。つまり、地球温暖化予測のために何が必要かということを考えてスペックを決め、それに基づいて気候モデルを作ってこなかったのである。作りたくても、計算能力の制約によりできなかったというべきか。それほど膨大な計算が必要であり、コンピューターの利用者は超高速計算のスパコンに対する強いニーズを持っている[41]。そうすると、この件に関してサステイナビリティ学の独自性はどこにあるのだろうか。筆者には、サステイナビリティ学が気候変動の研究を主導してきたようには見えないのだが。

　吉川は、「サステイナビリティ学における理論の検証は、（略）少し試しては結果を見て、その結果にもとづき、つぎにまた試して結果を見るという試行錯誤（try and error）の積み重ねにならざるをえない」と主張する。では、少し試して結果が出たとして、次の一手をどうするか。いくつもの選択肢がある場合、どうやってより確実で効果の高い手を選ぶのか。試行錯誤といえども、行き当たりばったりでは困る。現実の世界それも地球規模で持続可能性を追求するのなら、なおさらである。少し試すにしても、相当な予算、労力、時間を必要とするだろう。サステイナビリティ学は、次の一手について確かな指針を打ち出せるのだろうか。その点は、どうも心もとない。というのは、吉川は、持続的な現実をつくるために必要な構成について私たちはまだわずかしか知っておらず、その進展とサステイナビリティ学の進歩が並列的に進むことが重要であると考えているからだ。それでは、持続的な現実がつくり出されて初めて、そのための理論も完成するということなのか。たとえば、地球温暖化問題が最終的に解決されて初めて、この問題に関するサステイナビリティ学の解決力もようやく確立されたということになるのか。それは、一体何年先のことになるだろう。また、その解決力は他の諸問題にも適用可能な汎用性が保証されているのか。他の諸問題とは、環境劣化、資源の枯渇、人口爆発と貧困など、吉川のいう現代の「邪悪なるもの」に属する問題である。

　吉川は、サステイナビリティ学における構成の重要性を強調する。しかし、現在の科学の中で工学はすでに構成的な考え方が重視されて

いるのではないか。日本の8大学工学部が中心となって、工学における教育プログラムに関する検討が行われた。この検討の中で、工学は次のように定義されている。なお、8大学とは、北海道大学、東北大学、東京大学、東京工業大学、名古屋大学、京都大学、大阪大学、九州大学である。

★工学：
　工学とは数学と自然科学を基礎とし、ときには人文社会科学の知見を用いて、公共の安全、健康、福祉のために有用な事物や快適な環境を構築することを目的とする学問である。工学は、その目的を達成するために、新知識を求め、統合し、応用するばかりでなく、対象の広がりに応じてその領域を拡大し、周辺分野の学問と連携を保ちながら発展する。また、工学は地球規模での人間の福祉に対する寄与によってその価値が判断さる。★ [42]

　この定義を見ると、構築という構成に近い言葉があるし、統合、連携、地球規模などサステイナビリティ学のキーワード的な言葉もある。地球温暖化のコンピューターシミュレーションと同様に、ここでも「サステイナビリティ学に改めて言われなくとも」の感がある。サステイナビリティ学はここへ何を新しく追加するのか、それは持続可能性という言葉だけか、という疑問が筆者には芽生えてくる。サステイナビリティ学は、工学における構築の概念をどれだけ学んできたのだろうか。
なお、国語辞典に載っている構築と構成の意味は次の通りである。
構築：★くみたて、きずくこと★ [43]
構成：★各部分を集めて、または各部分が集まって全体を組み立てること。その組み立て★ [44]

　どちらも、何かを作り上げるというイメージは共有していると筆者は思う。ただ、構築は作り上げるプロセスを強調しているようであり、それに対して、構成は作り上げられたものという結果の方にやや力点が置かれていると感じる。

吉川は、サステイナビリティ学の特徴を述べた後に、この学問の方法について彼の計画を紹介する。彼の計画は、3つの項目からなる。それらは、①進化の仕組みを埋め込む、②人工物のあり方を変える、③イノベーションを起こす、である。各項目について、以下で検討する。

①進化の仕組みを埋め込む
★生物が環境の変化に適応し地球上に生存し続けてきたのは、生物が進化の仕組みを獲得したからである（略）
　生物の進化には、（略）再帰的構造が内蔵されている。それは物質循環と情報循環の2つの循環であり、（略）物質循環によって持続性が保たれるが、それだけでは定常的であるだけで進化が生じない。情報循環があることで進化の可能性が生まれる。（略）
　人類が持続的自然の中に矛盾なく組み込まれるために、進化と同じ仕組みを私たちの知的社会にもちこもうというのが私の第1の提案である。★ [45)]

　続いて吉川は、地球温暖化を対象とした場合、どのように進化の仕組みを持ち込むのかを説明する。

★地球温暖化に取り組むとき、私たちは最初に地球の状態を観測する。観測したデータから地球気温が上昇しているとわかれば、科学者は社会に向かって警告を発する。海面が上昇して損害が生じていれば、工学者はそれをどのように防いだらよいかを社会に提案する。警告や提案を受けた社会にはさまざまな活動主体（アクター）がいて、それぞれが自分に与えられた使命にしたがって行動し、（略）アクターたちの行動の集積結果として地球の状態に変化がもたらされることになる。その変化を再び科学者が観測し、その結果にもとづいて新しい警告を発する。こうして、図2.5のようなループが一巡する。このような構造を社会につくり、そのループの中に科学者が入っていくことが第1の提案の内容である。

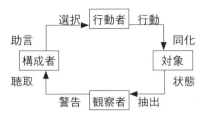

図2.5　知識の変化。ある対象が持続的進化をするための基本ループ。各ブロックは自治的な存在であり、自然と人間（個人，組織，社会）を含む。★[46)]

　吉川は、さらに、これまで地球温暖化に関して上記のようなループがなかなか形成されなかった理由を述べる。

★地球の温暖化に関して1950年代から警告していた科学者がいた。しかしそれに耳を傾ける人が社会にいなかったために社会は動かなかった。この場合、図2.5の観察者が気候変動を観察し、その原因を分析する観察型科学者であり、構成者が温暖化防止の方法を提案する構成型科学者である。そしてそれが行動者につながらなければならないのであるが、このループが切れていて、情報の流れがつながっていなかったのである。現在の科学者にはこのループ全体についての意識がなく、閉じた役割だけを果していたことがつながらなかった理由である。
伝統的に気象学者は、二酸化炭素が増えると温度が上がるということを観測して結果を発表した。しかし科学者の関心はそこまでであって
（略）　★[46)]

　だが、本当に「気象学者は、二酸化炭素が増えると温度が上がるということを観測して結果を発表した」と言い切ってよいのだろうか。それがそうではないことが、地球温暖化問題の難しさであり、この問題がなかなか社会には受け入れられなかった理由ではないか。気象学の専門家である増田耕一は、地球温暖化に関する認識の発展について次のように述べている。なお、IPCCは気候変動に関する政府間パネルのことである[47)]。

★ IPCCが発足した1988年にはまだ、世界平均地上気温が既に上昇しているという専門家の共通認識はなかった。それにもかかわらず、専門家は、将来気温が上昇するという見通しに高い確信をもった。地球温暖化に関する科学的認識は、温度の上昇が観測事実として認識される前に、将来見通しとして得られたのだ。★ [47)]

★ 温暖化の認識は、温度上昇が観測されるよりも前の1970年代に、物理法則、特にエネルギー保存則を基本とする数値計算によって、将来に関する見通しとして得られた。今では、温度上昇の観測事実から始めてそれが人為起源なのだというD&A型の認識もあるけれども、それは1990年ごろ以後に新しく付加された部分なのだ。★ [48)]

★ IPCCは、2001年の第3次報告以来、まず、気候の変化（たとえば世界平均気温の上昇）がすでに起きていることを示し、その原因が人間活動起源の温室効果気体濃度増加であると考えられる根拠を示す、という論理構成を正面に出している。このような問題枠組みはdetection and attribution（D&A）、日本語では「検出と原因特定」と呼ばれている（略）1990年ごろ、温度上昇が現実に起きていることが多くの専門家の共通認識となった。（略）原因特定は、気温と二酸化炭素濃度の観測値の時系列を比べるような方法でできるものではない。IPCC第4次報告書以来D&Aの中核とされる仕事は、複雑な気候モデルによるシミュレーションの結果の気温などを同じ変数の観測値と比較するものだ。★ [49)]

　筆者はここに、ある現象を科学的に解明すること自体の難しさを実感するのだ。この難しさのため、ある学説が科学的定説として社会に受け入れられるまで、しばしば長い時間がかかるのである。増田によれば、地球温暖化問題の場合、二酸化炭素が増えれば温度が上がることがまず数値計算によって示され、その後温度上昇が現実に起きていることが確認された。

　では、二酸化炭素増加が原因で、温度上昇がその結果だとすぐに結論づけられたのか。それとも、二酸化炭素増加が温度上昇を引き起こすことが事前に数値計算で示され、現実に温度上昇が観測され、さらにその温度上昇がコンピューターシミュレーションで精度よく説明

されたので、やはり二酸化炭素増加が実際に温度上昇の原因であるとの認識が徐々に確立していったのか。増田の論文を読むと、筆者には後者だと思えるが自信はない。いずれにしても、非専門家の筆者にとってこの認識の過程はかなり複雑であり、一筋縄ではいかない。それが、未だに人為的温暖化懐疑論者や否定論者（槌田敦もその一人である）に「活躍の」余地を与えているような気がする。増田も、次のように語る。

★ところが、1998年以後、世界平均地上気温の集計値の増加がにぶっており、最高記録がなかなか更新されなくなった。そこで、2007年の第4次報告書が出たころから、「温暖化は止まった」と言う言説が広まり、温暖化対策の必要はないと考える人々によってその根拠とされた。専門の科学者からみると、温暖化を起こす因果連鎖はけっして止まっていない。さらに調べると、海洋にたまっているエネルギー量の増加はにぶっていないようだ。専門外の人々にとってのわかりやすさをねらってD&Aをおもてに出したことがいわば裏目に出て、人々の温暖化への認知を薄れさせる結果をもたらしてしまった。★[48)]

どうも、この「地上温度増加のにぶり」は懐疑論者を勢いづかせているようである。その一人である物理学者、深井有は、彼の近著の中で、★世界の気温は過去100年に波打ちながら上昇し、1998年からは頭打ちになった★[50)]と述べている。彼によると、★温暖化は300年前から起こっていたことであって、その主な原因を人為的CO_2排出に求めるには無理がある。とくに最近の気温の頭打ち現象には、何らかの自然要因が効いていなくてはならないことになる★[51)]。

ここで、彼が取り上げている自然要因が太陽磁場と宇宙線の影響である。彼の説明を筆者なりにまとめてみると、次のようになる。
①大気圏外からやってくる銀河宇宙線は荷電粒子（プロトン）であり、運動するときに磁場から力を受けるので、銀河系内、太陽圏内、地球それぞれの磁場の影響を受けて、曲げられ、散乱されながら地球に到達する。太陽活動が活発なときには太陽圏内の磁場で強く散乱されるために、到達する宇宙線は少なくなる[52)]。
②飛来する宇宙線は低層雲量を増加させ、それが太陽光を反射する

ために地表の気温を低下させる効果がある。なお、低層は高度 3.2km 以下の領域、雲量は雲で覆われた地表面積である[53]。
③大気中の水蒸気から雲の微細な水滴ができるには核となる微粒子が必要であり、この微粒子はエアロゾルと呼ばれる。地上での実験で、宇宙線はエアロゾルの生成を促進する可能性が見出された[54]。
④今後の数十年間は、太陽活動の低下により太陽磁場が弱くなって宇宙線が増え、低層雲量が増加し気温が下がる。すなわち寒冷化に向かう[55]。

　筆者は深井のこの本を読んで、いろいろな疑問を持った。まず、上述の「地上の実験」では、宇宙線の代わりにガンマ線を使っている。宇宙線は荷電粒子だが、ガンマ線はそうではない。この点で、エアロゾル生成効果に差はないのだろうか。また中島映至らは、もともと大気中には人間活動、火山活動、海上の飛沫などを起源とするエアロゾルがあると述べて、宇宙線の影響に疑問を呈している[56]。「地上の実験」では、これらのエアロゾルが共存する条件下で行なわれたのだろうか。
　深井は、大気中での宇宙線の挙動について次のように書いている。

★宇宙線は大気で散乱されるために地表近くには届きにくく、低層雲を作るのは難しいとされていたのだ。ところが最近、銀河宇宙線よりもずっとエネルギーが低くて地表には届きにくいはずの太陽宇宙線が雷を発生させるという事実が発見されて注目を集めている（略）。これは上空大気の状態変化が、何らかの形で低空まで伝わっていることを意味している。その機構はまだ理解されていないが、それを解明することが宇宙線による気候変化の解明につながるものと期待している。★[57]

　筆者は、この個所を読んで半ば唖然とした。「上空大気の状態変化が、何らかの形で低空まで伝わっている」というのならば、その状態変化の伝播を再現するような実験をして、なおかつその状態変化が低空でエアロゾル生成を促進することを示さなければならないのではないか。機構がまだ理解されておらず定量的モデル化にはなおさら至らないのに、今後は地球が寒冷化に向かうと断言できるのは、筆者には何とも不可解である。

深井は、低層雲量増加による寒冷化を主張しながらも、気温に及ぼす雲の作用を次のように述べている。

★雲は太陽熱を反射するために降温効果をもつものだが、地表の放熱を遮るために昇温効果ももつので単純ではない。(略)雲はまた、気温の時間変化を平滑化する作用をもつことも知られてきた。(略)雲は空間的にも時間的にも気温変化を小さくしようとする、負のフィードバック作用をもつ★ [58]

　雲が負のフィードバック作用を持つのは、一理あると筆者にも思える。だが、それは気温が上がったり下がったりしにくくなるということであり、気温低下の方がより顕著になることとは別ではないか。負のフィードバック作用が働けば、雲が増えるほど気温変化はさらに小さくなるだろうが、それがどんなメカニズムで気温低下を引き起こすのか。もし雲が増えれば気温が低下するのなら、それは負の相関関係というべきであり、負のフィードバックとは異なるはずである。雲の作用は「単純ではない」と言いながら、現象理解を寒冷化へと誘導してはいないか。
　仮に雲の作用について降温効果の方が昇温効果よりも優勢だと深井が考えているならば、それは実際のデータと合わないように筆者には思える。ここで実際のデータとは、1980年代～2000年代の時間経過と低層雲量の関係である[59,60]。これらのデータは、1998年頃以降で時間経過とともに低層雲量が全体的に低下傾向を示しているように見える。もし最近の気温の頭打ち現象が雲の降温効果によるのであれば、深井の主張に従うと、低層雲量は時間経過とともに増加しているはずだ。しかし、実際はそうなっていないようである。
　深井は過去35万年前からの気温とCO_2濃度の関係について、CO_2濃度は気温よりも800年ほど遅れて変化することを指摘している。彼は、この原因を次のように説明する[61]。

★その主な原因は海洋中に溶存しているCO_2が、水温上昇で溶解度が下がることによって大気中に放出されるためと理解される。大切な

のは、まず気温が上がり、それに次いでCO_2濃度が上がるという因果関係（略）である。もちろん、こうして増えた大気中のCO_2は気温を上げる作用（温室効果）を持つのだが、少なくともこの時期にはそれが気温を決めているわけではなかったのだ★[62]

　深井は、その一方で、★近年の人為的要因による温暖化が決して無視できない大きさであることも分かってきた★[63] とも述べている。それでは、気温上昇→CO_2増加の因果関係説明は、何のためだったのか。CO_2温暖化に関する読者の意識を揺さぶるためなのか。いずれにしても、深井がCO_2による温暖化と太陽活動の変化による寒冷化は打ち消しあう[64] と主張するならば、CO_2温暖化と太陽起因寒冷化をそれぞれ正しく定量的にモデル化し、両者が共存下では、おのおのの結果を単純に足し合わせることができるのかどうかを明らかにすべきだろう。すなわち、両者の間に複雑な相互作用がないかどうかの解明である。その上で、CO_2濃度と宇宙線強度が今後実際にとりうる数値の範囲では、「打ち消しあい」が高い確率で起こることを科学的に証明すべきである。

　なお、温暖化とは別に、深井は★大気中のCO_2増加そのものはなんらの害ももたらさない★[64] と言い切っているが、これは大いに疑問である。というのは、酸性物質であるCO_2が大気中で増加すれば、海水に溶け込むCO_2も増加し、その結果海水のpHが減少し海が酸性化するからである。M.J.ハートらは、海の酸性化が進行中であること、またそれによって、サンゴや貝類などの動物が骨格や殻を作るのが困難になるだけでなく、すべての海洋動物の基本的な生体機能が妨げられる[65]、と述べている。たとえば、精子の運動性の低下、幼生の発育異常、免疫系の機能低下、個体数の減少、などである。

　深井は、彼の本の付録2において、気象現象の数値解析で有名な真鍋淑郎のことを紹介している[66]。増田耕一も地球温暖化問題における真鍋の研究の重要性を強調している[67]。しかし、深井がここで真鍋を紹介したのは、★彼（真鍋）は、これらの計算はあくまでも現象を理解するのが目的なので得られた「数値」にはあまり重きを置かないように、と注意しているのだが、結果は一人歩きしていった★[68] ということを言いたかったからではないかと想像する。だが、たとえ

「現象を理解する」ことに限定したとしても、深井は、真鍋の数値解析の重要な結論を無視している。それは、CO_2の増加に伴って対流圏の温度は上昇するが、成層圏の温度は逆に減少する[69]ということである。しかも、この成層圏寒冷化は、観測データによって確認されている[70]。しかし、深井の本の中で、成層圏寒冷化に言及した箇所はどこにも見当たらなかった。

このように、筆者は深井の本に多くの疑問を持ったが、世の中ではこの本を高く評価する人々もいるようだ。たとえば、著名な文芸評論家である斎藤美奈子は、★数年後にはこっち（深井説）が正論になるにちがいないと(略)確信しちゃった★[71]と語っている。だが、筆者は、そう簡単には確信できない。

かなり回り道をしたが、以上において筆者は、科学的解明の難しさの例として、地球温暖化問題を取り上げた。すなわち、最近温暖化に停滞が見られること、これを人為的温暖化懐疑論者がCO_2温暖化論の破綻とみなし、別の説を主張していることを述べた。私は懐疑論者の主張に疑問を呈したが、一方CO_2温暖化論の専門家には、状況を分かりやすく解説してほしいと思っている。特に、温暖化の停滞はこれまでなぜ予測できなかったかについてである。また、CO_2温暖化論を地動説や天動説にたとえると現時点でどの段階にあるのか、も知りたい。すなわち、地動説で惑星の軌道がまだ真円と考えられていた段階か、それとも天動説で周転円やエカントを導入する前の段階か。前者ならば、CO_2温暖化論はまだ破綻していないと私は考える。というのは、惑星の軌道が実は楕円であるという事実の導入で地動説はさらに発展し、ニュートン力学へと帰結したからである。

先に「局地的な公害問題」において取り上げた水俣病も、科学的解明の難しさを示すものである。すなわち、熊本大学医学部研究班が発表した有機水銀説は多くの異論・反論にさらされ、社会的に受容されるまでに長い年月を要した。

科学的解明の難しさを見た上で、吉川弘之のサステイナビリティ学に戻る。吉川は、ある問題について、対象→観察者→構成者→行動者→対象→・・・のループをつくることを主張する。だが、科学的解明が

困難であり、原因が諸説並存し、しかも特定の説を特定の人々が推進または排除しようとし、その間にも問題の被害が拡大し続ける状況で、はたしてこのようなループが確立され機能するだろうか。吉川の議論には、原因の確定とその社会的な受容がなされる前に、それでも被害を最小限に抑えるためにすべきことが欠けているように思う。原因が確定される前にすべきことについて、平川秀幸は「事前警戒原則（または予防原則）」という考え方を紹介する。それは、次のようなものである。

★事前警戒原則というのは、環境政策や公衆衛生政策の基本原則の一つだ。（略）
最も一般的な定義としては、地球サミットの「環境と開発に関するリオ宣言」第15条に「事前警戒アプローチ」という言い方で、次のように規定されている。

　重大かつ不可逆的な損害が生じる恐れがある場合には、完全な科学的確実性が欠けていることを理由に、環境破壊を防止する費用対効果の高い予防的措置をとることを延期すべきではない。

（略）水俣病のケースで見たように、環境汚染などの原因を科学的に証明するのはとても難しいため、対策をとる根拠として危険性に関する科学的証拠の確実性を追求しすぎることは、無策のまま被害を拡大させ、取り返しのつかない事態を招きかねない。（略）
そうした悲劇をさけるために、「完全な科学的証明がないから対策はできない」という態度を排除しようとするのが事前警戒原則の主旨だ。★[72]

　この事前警戒原則は、先に紹介した対応原理と呼べるかどうか分からないが、「局地的な公害問題」と地球規模環境問題を結ぶ基本的な指針になるだろうと筆者は思う。

②人工物のあり方を変える

吉川流サステイナビリティ学の方法で第2の項目は、「人工物のあり方を変える」。
どのように変えるのか。彼は、現在の科学が1つの領域で行なってきた知識を増やす行為を第一種基礎研究[73]と呼び、それに対して第二種基礎研究を提唱する。
★第二種基礎研究は定義すればつぎのようになる。「異なる領域知識を統合あるいは必要な場合には新知識を創出し、それを使って社会的に認知可能な機能を持つ人工物（モノあるいはサービス）を実現することを目的とする研究」である。（略）
　第二種基礎研究で多様な知識を合体させて人工物をつくるのは、構成的な行為である。そこで働く主要な論理は、先に述べたアブダクションである。アブダクションは結果の一意性を保証しないから、構成された瞬間においては構成されたものの正当性は保証されず、最適性も不明である。人工物の正当性は使用によって与えられる。よいものは社会において使われるというかたちで承認されるのがその正当性の検証である。★[74]

　これは、結局「使ってみなければ分からない」ということではないか。一体どうやって事前に危険性を予測・回避するのか、その方法論がない。これでは事前警戒原則に対応できないだろうし、そもそも学問や研究と呼べる代物なのかはなはだ疑問である。

③イノベーションを起こす
　吉川流方法論の第3項目は、「イノベーションを起こす」。彼は、「シュンペータ以来議論されてきた経済を革新的に成長させるイノベーションとは異質のイノベーション」[75]を主張する。その方法は、以下のようなものである。

★新たなイノベーションの目標は持続型社会（sustainable society）の実現である。それは、（略）社会の多数の人々の合意によって緩やかに実現していくものでなければならない。この緩やかという点が重要である。個人、企業、国家などから自由に提案が出され、採用された複

数の提案は多様な参加者の自由な発想にもとづく努力によってそれぞれ試行されるが、社会あるいは自然を持続可能性に向けて好ましい方向へと連続的に変化させる方法であることが認められたものが生き残っていく。それはある種の競争であるが、選択の結果として本質的な敗者を生まないものでなければならず、そのために変化が緩やかであることが求められるのである★ [75)]

　ここでも、「使ってみて判断する」あるいは「使っていくうちに淘汰される」ことが基本のようである。しかし、「社会あるいは自然を持続可能性に向けて好ましい方向へと連続的に変化させる方法」が本当に「生き残っていく」のか疑問である。これは、社会の側が「良いモノをより安く」的な価値観から解放され、「多少面倒でお金がかかっても、持続可能性のためにできることをする」という姿勢が浸透しないとなかなか難しいのではないか。また、「自由に提案が出され、採用された複数の提案は…」とあるが、誰がどのような基準と手順で採用するのか不明である。この採用プロセスを通過しない提案は、社会に出ることが許されないのか。
　事前警戒原則の観点から、次の文章はさらに問題である。

★人工物を生み出す産業活動についていえば、地球環境に悪い影響を与えているからといって、ある特定の企業に活動停止を命令したり、あるいはすべての企業の活動を強制的に縮小したりするような強制的行為は有効でない。個々の企業の努力が、相互に関係しつつ全体として地球環境を持続的な方向へと変化させていくことが望ましい。★ [75)]

　地球にしろ地域にしろ、環境に悪い影響を与えているならば、それを放置して企業まかせにするわけにはいかないだろう。最初からレッドカードを出すか、まずイエローカードを出して改善を要求するかは、個々のケースで判断されるにしてもだ。吉川は、性善説で環境問題がすべて解決できると考えているのだろうか。

　吉川は、担当した章の終りで、サステイナビリティ学を創出する主

体について次のように述べている。

★研究者が知的好奇心で研究し、新たな知識を社会に出すと、社会のさまざまなアクターがその知識を使用して行動する。アクターは社会のあらゆるセクターに存在しているから知識はさまざまな効果を社会や環境にもたらす。この効果が観測され分析され、研究者に戻ってきたときに、研究者の知的好奇心に変化が生じると期待したい。（略）知的好奇心は、（略）時代の影響を受けておのずと変わっていき、それにしたがって持続可能性をもたらす方向へと自らの研究を軌道修正するだろう。このようにして、情報循環によって社会における持続性が向上すると同時にサステイナビリティ学が進展する。★[76]

　吉川は、企業だけではなく研究者についても性善説的自発性に期待しているようだ。ただ、研究者だけが主役というわけではなく社会の多様なアクターの役割も重視している。それは、情報循環の速度が後者によっても大きく影響されるからである。

★このときの情報循環の社会的速度はそれほど速いものではない。（略）情報循環の速度を上げることを考えるとき、その速度を決めているものを考えなければならない。それは（略）研究者だけでなく社会のなかの多様なアクターたちと、アクターの結果を受容する社会そのものがある。すなわちアクターの行動速度と社会の受容速度が影響する。したがって、この問題は研究者だけが取り組んで解決できる問題ではない。知識の生産者すなわち科学者と、知識の使用者すなわち社会の中の人々とが、有機的な連携をもって情報を循環させていくことが必要なのである。（略）サステイナビリティ学を創出する主体は研究者のみならず、社会の人々をも含んでいることがサステイナビリティ学の大きな特徴なのである。★[77]

　研究者だけでなく社会の人々も重視することは、筆者も賛成である。しかし、それが単に吉川式ループの中で、科学的知識・成果の循環がバトンリレーのごとく各アクター間で迅速・円滑に進むことだけを意

図しているように見えるのだ。この点に、私は疑問を覚える。そもそも、吉川は科学だけで持続可能社会を実現できると考えているのだろうか。吉川の議論には、「科学によって問うことはできるが、科学によっては答えることができない問題群からなる領域」[78]についての洞察が不足している。この領域は、トランスサイエンス問題と呼ばれる[78]。池内了は、トランスサイエンス問題を次のように解説する。

★絶対に壊れない人工物は存在せず（建造することができず）、すべての人工物には安全基準が定められていて、それを満たせば合格となって世の中に流通させることができる。その安全基準は、材料の強度や耐用年数のような科学で測れる要素以外に、その対策のための経費とか手間とかがあまりに過大にならないというような条件を考慮して決められている。私はこれを「技術の妥協」と言っているが、完璧から緩めた「妥協」をしなければ技術は現実生活に活かせないのである。このような技術の安全基準をどう決めるか（略）はトランスサイエンス問題の典型である。★[79]

★別の種類のトランスサイエンス問題として、「共有地の悲劇」の類の問題もある。誰でもが使える共有地（より一般的には公共物）があると、羊飼いはなるべく多くの羊を飼おうとする。それが個人としての利益であり、合理的な選択でもある。しかし、われもわれもと羊飼いが多く集まり、かつより多くの羊を飼おうとすれば、たちまち共有地は荒れ果てて使い物にならなくなってしまうだろう。これは個人が責めを負うのではなく、みんなの損失である。（略）
このような「共有地の悲劇」に絡まる問題について科学ができることは、どこまで規制すれば悲劇を回避できるかの目安を示せるだけであって、具体的にどのような方策を採用すべきかについて科学は何も言えない。★[80]

★さらに私は、「最初から非倫理性を含む科学・技術」もトランスサイエンス問題に含めたいと思っている。原発は、①その大きな潜在的危険性から過疎地に押しつけていること、②ウランという放射性物質を扱うために、採掘・精錬・装填・定期検査・廃棄物処理・廃炉の全過程において携わる作業員に放射線被曝を押しつけていること、③放

射性廃棄物を 10 万年にわたって厳重管理を子孫に押しつけていること、④事故が起これば立地する地域や人々、そして全世界に放射能汚染を押しつけること、という反倫理性を必然的に帯びている。いずれも、多数の人間や強い立場の人間が少数の人間や弱い立場の人間に「押しつける」という形をとっていることが反倫理性を如実に物語っている。そのような反倫理性を最初から帯びている科学なのだから、社会として採用するかどうかは科学以外の要素で決められるのは自明だろう。★[81)]

　池内が指摘するトランスサイエンス問題の中で、3 番目の「非倫理性を含む科学・技術」についてはもう少し解説がほしいと感じる。すなわち、このような非倫理性は科学自身の問題なのか、それとも科学者が科学を人間の営みとして実践する時に起こるのか、あるいは科学が社会と向き合うときに生じるのか、などである。しかし、科学にまつわる問題を科学以外の視点からも捉えようとする考え方は、大いに参考になった。

　一方、吉川のループ論は、社会を 1 つの巨大なループという機関に改造し（ループが関わる問題は多岐にわたるが）、その機関の回転速度向上を目指しているように見える。では、吉川式ループにおいて、たとえば温暖化問題では CO_2 削減のために原発稼働を容認するのか。そもそも、吉川は原発をサステイナブルだと考えているのか。筆者は、温暖化のリスクと原発のリスクを熟慮し、さらに原発が本当に CO_2 削減になるのかを検証した上で、池内と同様にトランスサイエンス問題として決められるべきだと考えている。

　原発に限らず、研究者がある科学的な成果を出したとする。その成果が、経済活性化などの大義名分により、政府の強力な後押しを受けて実用化されようとするが、社会の中の人々には懐疑派や反対派も多いとする。この場合、サステイナビリティ学はどのような立場をとるのか。

2.3　梶川裕也・小宮山宏の「知識と行動の構造化」

　吉川のサステイナビリティ学はループ論をベースにしているが、梶

川裕也と小宮山宏のそれは「知識と行動の構造化」を柱にしている。以下では、梶川・小宮山流サステイナビリティ学についてコメントする。

まず、梶川らは「知識の構造化」を解説する。彼らによると、知識の構造化とは次のようなことである。

★知識の構造化とは、さまざまな知識を共通の認識の枠組、すなわち知識の構造にもとづいて記述するために、知識を収集、分析、評価し、体系化する一連のプロセスである。世の中に存在する膨大な情報、さらに、各人のもつ暗黙の知識を表出化し、収集する。知識や知識を得るためのアプローチを分析し、知識をその他の知識との関連性のなかで評価する。複数の知識を共通の土台の上で記述するための知識の枠組を構築し、その枠組みに従って知識を記述し、体系化する。★[82]

なぜ「知識の構造化」が必要なのか。彼らは、その理由を以下のように述べる。

★知識の構造化を必要とする理由は2つある。1つは知識を支える情報の大爆発であり、もう1つは分野を横断した知識の急速な広がりである。★[83]

情報の大爆発の例として、梶川らはサステイナビリティ学自身に関する論文の出版量を示す。

★現在では年間6000本以上の論文が出版され、すでに4万本以上の論文が蓄積されている。この間、学術全体の論文数の増加は概ね2倍程度であるから、それよりもはるかに速い速度で論文数が伸びている。（略）
このように、学術的な蓄積が進み、われわれの理解が進むこと自体は大いに好ましいことではあるが、一方で、その情報量の多さのゆえにかえって全体像がみえなくなるという弊害も生まれてきた。（略）知識の総量が増大し、研究分野が細分化されたため、研究者は自らの専門分野の知識を内包する知識の全体像を見失っている。★[84]

分野を横断した知識の急速な広がりについても、梶川らはサステイナビリティ学を対象にして次のように解説する。

★（略）サステイナビリティ学は、食料、木材、水産資源、経済、エネルギー、水、都市、健康、など、なにを持続可能とすべきかにより大きく研究領域が分かれている。（略）
現在、持続可能性に関する多くの研究がなされている。しかし、それらの多くは農業や漁業など単一領域においてなされている（略）。そのようにして生み出される知識の多くは断片的であり、問題を特定の側面からのみとらえているにすぎない。（略）単一の学問領域の知識だけでは、全体像をとらえきれず、持続可能性という複雑な課題に対し適切な解決策を提示することができない。
各領域の専門家による自律的・分散的活動に委ねていては、専門化が進むばかりで、人類の直面する諸課題の解決に必要なさまざまな専門知識を分野横断的に組み合わせるという仕組みはおそらく生まれないだろう。★[85]

　このような情報量の急増と知識の分野横断化に対応するために、サステイナビリティ学では知識の構造化を探求する。彼らは、知識の構造化の目的を次のように述べる。

★（略）構造化された知識は、爆発的なスピードで増え続ける情報のなかから有用な情報を知識として吸収する効率を増すとともに、専門外の知識を含む知識の全体像の共有を可能とするであろう。それにより、研究対象の明確化や、専門外の知識の動員を容易にする。また、知識の全体像を俯瞰することで、今まで誰も気づかなかった知識間の関連がみつかり、学融合によりそこから新たな研究分野が生まれ、有用な知識を生みだすことにつながる。これが知識の構造化の目的である。★[86]

　知識の構造化の例として、梶川らはスワンソン（Swanason）が1986

年に行なったレイノー病に関するある発見を紹介する。

★レイノー病とは、四肢先端や耳の末梢血管が発作性の収縮を起こして一時的に阻血状態に陥る病気である。当時、レイノー病には一般的な治療法や治療薬がなかった。スワンソンはさまざまな文献を調査した結果、魚油がレイノー病の治療に使えるかもしれないという仮説を立てた。

その仮説の提案に至ったストーリーはこうである。スワンソンが、レイノー病に関する文献を調査しているとき、レイノー病が血液の粘性、血小板の凝集、血管収縮など血液や血管に関する特徴が頻繁に出てくることに気づき、注目した。いっぽう、別の文献を調査すると、魚油とその活性成分であるエイコサペンタエン酸が血液の粘性や血小板の凝集を抑えることを報告していることを発見した。しかし、レイノー病と魚油を直接関連づけて議論している文献はなかった。すなわち、スワンソンは、すでに知られていた2つの別個に存在する知識「AならばB」と「BならばC」を関連づけ、「AならばC」と推論することで前述の仮説を立てたのである。いわば既存知識の構造化である。★[87]

レイノー病と魚油の関連に目をつけたのは、構造化のおかげなのか。むしろ発想やアイディアの一般的な例ではないか。すなわち一見関連の明らかでない分野や事象の間に関連性を見出すという方法である。大抵の研究者が日々実践していることだ。「AならばB」と「BならばC」から「AならばC」を推論することがわざわざ改まって構造化と呼ぶようなことなのだろうか。そもそもここで挙げているレイノー病の例が、「AならばB」と「BならばC」から「AならばC」を推論することに相当するものなのか。筆者は、ここに2つの命題があると考える。以下にその2つを示す。

①レイノー病になると、血液や血管の異常が起こる。
②エイコサペンタエン酸を投与すると、血液や血管の異常を緩和する。
①でAをレイノー病になること、Bを血液や血管の異常が起こることとすると、①は「AならばB」となる。しかし、②でエイコサペンタエン酸を投与することはAでもBでもない。これをCとしよう。

血液や血管の異常を緩和することもAでもBでもないが、とりあえずBの反対と考えて、これを反Bとしよう。そうすると、②は「Cならば反B」ということになる。そこで、スワンソンはCを用いてA起因のBを反Bにできるかもしれないという閃きを得たのではないか。いずれにしろ、彼らが挙げたレイノー病と魚油の例では、単純に「AならばB」と「BならばC」から「AならばC」を推論、ということにはならないだろう。レイノー病とエイコサペンタエン酸を結びつけるのは、構造化よりもむしろイマジネーションではないか。適切なイマジネーション、筆者はそれを研究者の「嗅覚」と呼んでいる。

単にレイノー病とエイコサペンタエン酸の文献を集め、両分野の情報を漫然と眺めてみても、両分野をつなぐ仮説なり発想がなければ新たな発見発明には至らないだろう。彼らは、★知識の構造にもとづき、さらに機械的に処理が可能な記述とすることで、このような発見（場合によっては既存知識間の矛盾）を自動的に抽出できる可能性がある★ [88] とまで言っているが、果して本当だろうか。むしろ、多くの発見発明において語られるように、セレンディピティが必要ではないか。三枝武夫は、セレンディピティを★予期しない現象にでくわしたとき、その本質を見行き、解析し、さらに既存の体系と組み合わせて新分野を開拓し、発明・発見を成就する能力★ [89] と述べている。

三枝は、セレンディピティの例として、K.Zieglerによるエチレン重合反応触媒の発見を取り上げる [89]。Zieglerは、ポリエチレン製造を目的としてエチレン重合触媒を研究していたが、高分子量のポリエチレンは得られなかった。ある日、それまでの実験と異なり、隣の実験室のオートクレーブを使ったところ、常温常圧でエチレンの二量化反応が起こったことを確認した。この時の触媒はトリエチルアルミニウムだった。さらに、そのオートクレーブにおいて、前に触媒としてニッケル塩を用いた反応が行なわれたことも分かった。そこで、Zieglerの頭には、「そのオートクレーブにはニッケル塩が微量に残っていて、それがエチレンの二量化反応を引き起こしたのではないか」という仮説がひらめいた。彼は、トリエチルアルミニウムとニッケル塩を組み合わせた系をエチレンに作用させて、仮説どおりの二量化反応を確認した。

だが、エチレンが二量化反応しても、そのままでは目標とする高分子量のポリエチレンには程遠い。ここで Ziegler は、さらに「ニッケルは遷移金属の1つであり、他の遷移金属をトリエチルアルミニウムと組み合わせるとどうなるか」と発想し、いくつかの遷移金属塩を試してみた。その結果、多くがエチレンの高重合を引き起こすことを発見した。

　意外な実験結果に直面して、それが当初の目標から外れていても「おや、これはどういうことか？」と素直に驚き原因を突き止め、「この実験に関与した物質 A は X 族の1つだ、では同じ X 族の他の物質ではどうか」と想像を広げる。果して、このような「芸当」をサステイナビリティ学はできるだろうか。筆者には大いに疑問である。梶川と小宮山は、「知識の全体像を俯瞰することで、今まで誰も気づかなかった知識間の関連がみつかり、学融合によりそこから新たな研究分野が生まれ、有用な知識を生みだすことにつながる」[86]と語る。確かに、私たちは先人たちの築き上げた知識体系の上に乗って、新たな知識を追い求め続けている。しかし、それでも自然は人間の知識の総体より広く深い。自然探求に終わりが見えてこないことが、それを物語っている。過去の知識をあれこれ整理・編集するだけで何か新しい世界が開けてくるなどという見解は、にわかには受け入れがたい。やはり、実験・観測等を通した自然との対話を疎かにしてはならない。

　知識の構造化について、彼らは、さらにネットワークという概念を導入して説明する。

★ここで、ネットワークとはノードとリンクにより構成されるものの総称である。ノードとは個別の要素であり、リンクとはノードとノードをつなぐ関係性である。ネットワークとは原子や分子、生物や人工物のように実体をもって世の中に存在しているものではない。それは世の中にあるものや、現象や概念といった抽象物をモデル化するための視点である。ネットワークという視点をもって世の中を眺めると、あらゆるものがネットワークという枠組みの中で記述できる。対象が異なればなにをノードとし、なにをリンクとするかが変わる。（略）
　科学的な概念や方程式などを含んだ1つの学術論文を知識の塊とし

てノードとみなすことも可能であろう。このネットワークの例は、学術論文の引用関係ネットワークである。（略）引用によってリンクが張られた複数の学術論文は、何らかの内容の類似性を有すると考えられ、

　ネットワークとは（略）われわれが世界を抽象化し把握するための認識の構造である。しかし、世の中の知識をネットワークとして記述することで、われわれは世界を共通の構造のもとに把握することができる。このように知識をとらえるときの枠組、これが知識の構造であり、このような枠組に則って知識を記述することが知識の構造化である。★[87]

　上記の説明は、筆者にはまだかなり抽象的に響く。何か適切な具体例がほしい。梶川らがあげたスワンソンのレイノー病に関する発見は、私には具体例としてふさわしいように見えない。
　知識の構造化一般ではなく、サステイナビリティ学の知識構造を彼らはどのように考えているのか。項目と概要を挙げると以下のようになる[90]。概要は、筆者が彼らの記述を要約したものである。
　①ゴールの設定：ビジョンの提示や目標の設定
　②指標の設定：ゴールへの到達度合いを示す指標の設定
　③指標の測定：設定した指標の過去から現在の値を測定
　④因果の連鎖の分析：設定した指標に影響を与える因子やその因子に影響を与える他の因子という因果関係の連鎖を特定し、その影響をモデル化
　⑤将来予測：測定した指標の過去から現在のトレンドやそれに影響を与える因果関係をモデルとして組み込み、将来の動向を予測
　⑥バックキャスティング：設定したゴールと現在の乖離を分析し、目標に至るまでの計画を将来の目標から現在まで逆算し設定
　⑦課題と解決策の連鎖の分析：現在や将来の課題とその原因を特定し、解決策を提示、また解決策を実行するための阻害要因を特定し、さらにその解決策を提示
　これらを見ると、世の中でよく言われるPDCAサイクルとあまり大差ないのではないか、あるいはその延長線上のものではないかと思えてくる。つまり、サステイナビリティ学は、社会が直面する問題に

取り組む前の計画段階を単に PDCA 化したのではないか。鮎澤純子は、PDCA サイクルを次のように説明する。

★ PDCA サイクルは、あらゆる管理の基本とされるものである。第二次世界大戦後に進んだ品質管理の取組のなかで W.Edwards Deming らが提唱したもので、デミングサイクルとも呼ばれている。PDCA サイクルという名称は、サイクルを構成する Plan（計画）Do（実施）Check（点検・評価）ACT（Action）（処置・改善）の 4 段階の頭文字をつなげたものである。この 4 段階を、螺旋を描くように回し続ける（スパイラルアップする）ことで、継続的改善が図られることになる★[91)]

　PDCA サイクルの各段階を箇条書き的に述べると、以下のようになる[91)]。
Plan（計画）：計画する
Do（実施）：計画に沿って実施する
Check（点検・評価）：実施が計画に沿っているか点検・評価する
Act（Action）（処置・改善）：計画に沿っていない点（問題点）を調査し処置・改善する

　サステイナビリティ学と PDCA サイクルを筆者なりに比較してみると、前者は後者の Plan（計画）をさらに PDCA 化したものと考えられる。すなわち、前者のゴールの設定と指標の設定は、Plan に相当する。ただし、ここではゴールと指標を設定するが、計画はまだ立てず現状を出発点とする。次に Do（実施）として、指標を測定する。測定結果より Check（点検・評価）として、因果の連鎖の分析、将来予測を行い、現状をモデル化する。おそらく、何らかのシミュレーションも行う。最後に、Act（処置・改善）として、バックキャスティング、課題と解決策の連鎖の分析を行い、ゴールに至るまでの計画や解決策を社会に提示する。バックキャスティングのうちで前半（ゴールと現状の乖離の分析）を Check、後半（目標に至るまでの計画の設定）を Act に分けると、よりすっきりするだろう。
　計画と解決策を受け取った社会は、それを Plan として実際に問題

解決に向けて PDCA サイクルを開始する。社会が Check または Act の段階に達したら、サステイナビリティ学が再び自らの PDCA を実施する。この流れを筆者は以下の図1にまとめてみた。

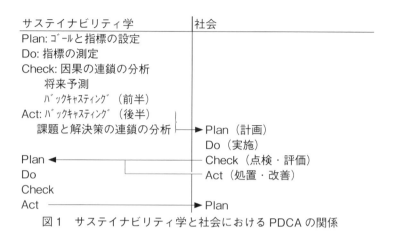

図1 サステイナビリティ学と社会における PDCA の関係

上記のようにまとめてみて、筆者は強く感じたことがある。それは、サステイナビリティ学は一般的な管理学や仕事学と一体何が異なるのか、という疑問である。情報量急増と分野横断化に対処するために、管理学的手法が必要な場合もあるだろう。だが、それは別にサステイナビリティ学に限ったことではない。持続可能性という問題に特有の基盤的考察を梶川らの議論の中に見出したいと思ったが、残念ながらそれは叶わなかった。

梶川らは、項目①〜⑦よりサステイナビリティ学の知識構造の特徴として3点を挙げている[92]。彼らの記述を基に、その3点を筆者は以下のようにまとめてみた。
(1) 過去から現在、現在から将来にわたる幅広い時間を対象にしている。将来問題になりそうなことに対し、問題が顕在化しないうちから現在の問題への対処とどちらを優先するかを勘案する。
(2) ゴールの設定を含む。ゴールの設定とは、我々が何を目指すべきか、何を持続可能とすべきかを決めることであり、価値判断を含む。それは最終的には社会的な選択だとしても、そこには何らかの合理的な基盤があるはずだ。そのような意思決定に資する知的基盤を提

供する。
(3) 課題解決のための学問である。予測される将来と、将来とりうるべき値とのずれから、問題を設定し、解決策を提示する。

　これは、筆者の目には「背伸びし過ぎ」というか「大風呂敷を広げた」の観がある。(1)で「幅広い時間を対象」にするのはよいとしても、どうやって取り組むのか。対象をモデル化しコンピューターで数十年先までシミュレーションするのか。梶川らは、★人々の行動が変われば将来は変わる。サステイナビリティ学はそのような不確実性の高い事象を対象にしている★[92)]と述べている。だが、そのための基盤論が依然として明らかにされていない。基盤論は、今後の研究の中で構築されるということなのか。彼らがこの文章を書いたのは福島原発事故の前だが、まさに事故がまだ顕在化していないその時点で、「現在の問題への対処とどちらを優先するかを勘案」してほしいものである。すなわち、その時点から見て、将来の問題は原発事故、現在の問題は「原発がなければ電力不足、エネルギーコスト上昇、CO_2増加、地域雇用に悪影響、等々」という観念である。

　(2)では、ゴールの設定を含むが、それは最終的には社会的な選択だと言っている。これは、私には「逃げを打っている」ようにみえて仕方がない。では、サステイナビリティ学はどのようにしてゴールを設定するのか。それとも、「確かにゴールは設定するものの、最終的には社会が決定することなので自分達は責任を問われない、でも少なくとも決定に役立つ合理的な基盤は提供する」と考えているのか。では、サステイナビリティ学は、たとえば原発に関してどのような合理的基盤を提供するのか。なお、IR3Sと原発については、筆者のこの本の第6章（IR3S関係者と方法論）でまとめてコメントする。

　(3)で、梶川らはサステイナビリティ学が課題解決のための学問だと主張する。そのあとの箇所に以下の記述がある。これは、小宮山らが序章で述べた見解の繰り返しとなっている。

★かつての公害のような問題では、それらは悲惨ではあったが、問題の構造自体は単純であった。有害物質を出した加害者がいて、そのた

めに被害者が生まれたのである。これらの問題に対する解決策は明快で、有害物質を出さないことである。★ [93]

　「問題の構造自体は単純」だというなら、なぜ水俣病の原因解明にあれだけ時間がかかったのか。「局地的な公害問題」であれ、地球規模環境問題であれ、問題の真っ只中で日々悪戦苦闘している人々にとっては、両者いずれも決して単純ではないと筆者は思う。もし「前者は単純だ」と言い切るのなら、サステイナビリティ学では前者について迅速な解決が可能なのか。また、仮に後から振り返って「単純」にみえたとしても、それは決して「容易」ではなかったはずだ。単純・複雑と容易・困難を混同してはならない。
　「人類の直面する諸課題の解決に必要なさまざまな専門知識を分野横断的に組み合わせる」[85]。これがサステイナビリティ学のセールスポイントの1つのようだ。私は、トランプゲームの名人が手持ちのカードを巧みに組み合わせて勝負に挑むさまを連想する。サステイナビリティ学を「名人」とすると、諸専門分野の成果が手持ちのカードに相当する。この「名人」は、諸専門分野の成果をうまく活用し、目標選択のための合理的な基盤を社会に対して提供することを目指す。しかし彼は、諸専門分野に対して真摯な科学的懐疑の目を向けているだろうか。安全性のような根幹にかかわる問題を諸専門分野まかせにして、自分は各分野から報告された成果を疑うことなくただ利用するだけと思っていないだろうか。原発というカードは、それ自体が持続可能なのか。
　トランプのジョーカーについて、英語にはJoker in the packという表現がある。これは、「どんな影響があるか測れないもの［人］」[94]という意味である。トランプ以外でも、jokerは「思いがけない事実［要因、困難］」[94]という意味がある。サステイナビリティ学は各分野の「ジョーカー度合い」をきちんと把握しているだろうか。筆者がバックキャスティングという手法に懸念を感じるのは、この点にある。すなわち、各分野の信頼性は十分に高いことが最初から判明しているわけではないということである。目標に至るまでの計画を現在まで逆算し設定して、目標達成に諸分野を動員したとしても、ある重要分野が

途中で致命的欠陥を露呈すると計画の大幅な変更を余儀なくされるだろう。最悪の場合、最初からやり直しとなるか、あるいは出発点よりも状況が悪化した事態に陥るかもしれない。

　梶川らは、知識の構造化にとどまるのでは持続可能社会は実現せず、その先に行動および行動の構造化が必要であると説く。

★しかし、知識や構造化された知識があれば、ただちに持続型社会が達成されるというわけでもない。持続型社会は知識の世界で達成されるものではなく、現実世界で実現されるべきものであるからである。知識だけではだめで、行動を起こさなくてはならない。★[95]
★かりに高い変換効率をもつ太陽電池を安価でつくれるという論文が発表され、実際に実証されたとしても、それを目に見えるかたちで広め、それを産業、もしくは市民が購入し、化石燃料の使用を抑えなければ、エネルギー供給の持続可能性は達成されない。少数の意識の高い人が取り組むだけではだめで、多くの人の取組が必要である。(略)持続可能性を実現するためには、実に多様な背景や価値観をもつ多くの人の協調的、集合的な行動が必須であるのは明らかである。(略)単一の行動ではだめなのである。これが行動の構造化が必要とされる理由である。★[96]

　では、「多くの人の協調的、集合的な行動」は行動の構造化とどのように関連するのか。梶川らは、行動の構造化について以下のように解説する。

★行動の構造化は、分析による行動の分解、統合による行動の設計、集合的・協調的行動の促進という3つの要素からなる。
　行動の分解とは、構造化された知識を用いて、もしくは、持続可能性に配慮した先進的な取組を分解して、行動をなしている単に行動を抽出することである。
(略)たとえば、水の持続可能性を高める行動としては、タンクにためた雨水の樹木への散水や、洗車、トイレへの使用、消費量の少ない

水洗トイレへの買い替え、風呂の残り湯を洗濯に使うといった行動が単位行動にあたる。(略) 行動を単位行動に分解することで、個々の行動を再利用可能なかたちで構造化することができる。(略)

行動の統合とは単位行動を組み合わせて新しい行動を設計することである。世界で行なわれているさまざまな取組事例を分析し、抽出した単に行動を、各人や各地域の状況に合わせて組み合わせ、新しい行動を設計する。(略) 新しい行動を設計すること、設計のためのシステムを構築することは、より多くの行動を起こす駆動力となるであろう。

しかし、それだけでは個別の行動は設計できても、社会を動かす大きな動きとはならない。行動の構造化の最後の要素は、集合的・協調的行動の促進である。そのためには多様なステークホルダーの行動を構造化しなければならない。★[97]

梶川らは、ステークホルダーとして、政府、地方自治体、企業、市民、NPOやNGO、大学、国際社会などをあげる。また、たとえば、政府が行うべき行動として、首相宣言、政府の一貫した方針説明を通じて国全体を強く先導すること、エネルギー政策や国際連携などにおける具体的な施策の推進、規制改革、税制改革、制度創造などをあげる[98]。

ここで彼らが述べる「集合的・協調的行動」とは、文脈から考えて「社会の多数者が、統合により設計された、集合的・協調的な行動をとること」であると筆者は理解する。しかし、これはまさに行動が構造化された状態ということではないのか。そうなると、筆者には、彼らがこう語っているように見えるのだ。「持続可能性を実現する→そのために知識と行動を構造化する→そのために行動の構造化を促進する→そのために多様なステークホルダーの行動を構造化する」。筆者の誤解でないとしたら、これは循環論法ではないのか。すなわち、目的がいつの間にか手段になっているのではないか。

梶川らは、「集合的・協調的行動」の促進のためのもう1つの仕掛けとして、ネットワークオブネットワークス (Network of Networks;NNs) を提唱する。NNsとは何か。彼らの説明を見てみよう。

★ネットワークオブネットワークス (NNs) とは、1つのネットワーク自体を1つのノードとして構成されたネットワークである。ネット

ワークは通常、情報や知識を交換し、ともに行動するコラボレーションの場として期待される。（略）しかし、（略）近距離交際により構成された単一のネットワークのメンバーで、普段とちがう種類の仕事をするのはなかなかむずかしい。それは、目的を達成するのに必要な、十分な知識なりスキルなりを確保するのがむずかしいからである。（略）したがって、おたがいに隔たったネットワークどうしをつなげ、より高次のネットワークへと統合する仕組みが必要である。それがNNsである。

　NNsは多層的でさまざまなレベルが存在する。たとえば、1つの学術領域のなかで、国がちがう、アプローチがちがう、競争相手であるなどの理由で隔たった複数の異なる学術領域のコミュニティをつなぐのもNNsであるし、分野横断的な取組を促進するために異なる学術領域のコミュニティをつなぐのもNNsである。これはなにも学術コミュニティだけに限らない。産業界、市民や市民団体、行政のそれぞれのなかにネットワークは形成されているし、それぞれのなかでのNNsも必要である。さらに、学術と産業、行政、社会をつなぎ、超領域的な取組を促進するためにもNNsは機能しうる。★[99]

　梶川らは、NNsの効果として、以下の2つをあげている。

★NNsが存在することで、公式・非公式のネットワークを通じたさまざまな効果が期待できる。その1つが、情報や知識の共有である。（略）あるコミュニティにおいてよく知られている常識的なアイデアが別のコミュニティにとっては非常に斬新でイノベーティブなアイデアとなり、新たな解決策が生まれる可能性がある。また逆に、そのコミュニティでは知られていないが、別のコミュニティではすでに解決策をもっている課題を発見する場合もあるであろう。（略）バートはこのような情報やその価値の落差は、近距離的で固定的なネットワークへの偏重にあるとし、既存のネットワークどうしの間には、「構造的な溝」があると論じている（Burt,1992）。NNsは、そのような溝を埋めるものとして期待できる。★[100]

★Burt,R.（1992）Structural Holes,Harvard University Press,Cambridge.

★ [101)]

★NNsのもう1つの効果は、信用や正統性、認知度といった認識上の要素に関するものである。ちがうコミュニティの間には価値観や規範が共有されず、したがって、信用が醸成されにくく、集合的・協調的な行動への障害となりうる。たとえば、政策的意思決定は、関係するステークホルダーのなかで十分に議論されず、一部の科学者や官僚や政治家の間の議論で決まったことが単に決定として通知され、メディアを通じて広まるだけであることが多い。また、そのような決定がどのような情報にもとづき、どのようなプロセスを経て決まったものなのか、多くの場合、不明である。（略）そのような弊害をなくすために、さまざまなアウトリーチ活動やコンセンサス会議、パブリックコメントといった取組も行われ始めているが、まだまだ限定的である。適切なNNsの構造をデザインし、構築することで、構造的な溝を埋め、情報の共有や信用の醸成を進め、集合的・協調的な行動への足がかりを少しでもつくっていくことが肝要であろう。★ [102)]

このように彼らは、ネットワークの価値や効果を強調するが、一方で★世に存在する多くのネットワーク（たとえば、異業種交流会や勉強会、さらには飲み会など）で、実質的に機能しているものは少ないのが現実である★ [103)]と述べている。そこで彼らは、ネットワークが機能するための条件をあげる。

★では、ネットワークが機能するためには、なにが必要であろうか。ファディーバによると、コミットメントの確保、目標が明確であること、責任が明確で分散されていること、適切なステークホルダーが参加していること、中間目標が設定されていること、目標の達成度がモニタリングされていること、インセンティブと罰則が決められていることである（Fadeeva,2004）。さらには、参加者にとって魅力的で洞察力に富んだシナリオが設定されていること、シナリオを達成するための知識が十分にあること、目標に向けたアクションを促すリーダーシップと正統性があることといったことが考えられる。★ [103)]

★ Fadeeva,Z. (2004) Promise of sustainability collaboration:Potential fulfilled? J.Clean.Prod.,13:165-174 ★ [101]

　はたして1つのコミュニティをとってみても、これだけの条件を満たす優秀なコミュニティが世の中にどれだけあるだろうか、というのが筆者の率直な感想である。しかも、梶川らは複数のネットワークがこれらの条件を満たしてNNsを形成することを提言している。彼らは、そのための道筋について述べていないようだが、それでは「絵に描いた餅」になってしまうのではないか。

　また一口に「情報の共有」といっても、そう簡単ではない。特に企業の場合、経営方針や知的財産権などが絡むため、機密保持が厳格に適用される。社外と共有できる情報は、たいてい社内審査等で公表が認められたものに限られる。すなわち、新聞や雑誌などに掲載されたもの、あるいはインターネットでだれでも閲覧できるものということになる。そのような情報を共有するために、多くの手間をかけてNNsを構築すべきと彼らは考えているのだろうか。

　サステイナビリティ学と行動の構造化については、まだ研究途上であることを彼らも以下で認めている。

★サステイナビリティ学に関して多くの研究がなされるようになり、研究成果も蓄積してきた。しかし、個々の取組はいまだ不十分で、持続可能性の問題を解決するためにはまだ多くの知識が不足している。また、分野横断的取組や、膨大な個別の知識を収集し、体系化し、構造化する取組、行動を設計し、それを実際の行動に移していく行動の構造化はようやく緒に就いたばかりである。★ [104]

　目標とする成果はこれからということのようだ。筆者としては、研究の進行を当面フォローしていくが、注文もある。それは、複雑で広範な問題を扱うからといって、時間をかけて遠大な目標に到達することばかりを目指すのではなく、初動あるいは現時点対応の的確さを探求することも疎かにしないでほしいのである。初動対応を的確にこなして100点満点のうちまず70~80点を確保し、その後100点満点に向かって進むことを筆者は強く望む。水俣病では、それができずに被

害が拡大した。このように原因を科学的に証明することが難しい場合、平川秀幸は、とりあえずの答えは事前警戒原則による対応だと述べている[72]。サステイナビリティ学では、そのような場合、どう対応するのか。

　水俣病では、「原因解明に科学的完璧さが求められたことが事態の悪化を招いた」という見方がある一方、「初期の段階で、既存の重要な文献が見逃されたことが迅速な対応を困難にした」という意見もある。後者について、石原信夫は次のように述べる。なお、以下の記述の中の文献番号は、彼の論文末の文献番号に対応する。

★ところで、1960年当時は、研究者の間ですら、①アセトアルデヒド製造工程で触媒である無機水銀が副生されるかどうかは不明である、②アセトアルデヒド製造工程作業者に有機水銀が発生しているという報告はない、③有機水銀（メチル水銀）が特異的な中毒症状を引き起こすとの報告は殆どないなどと考えられていた。したがって、工場排水からのメチル水銀検出という明白な事実[1]にも係わらず、メチル水銀工場廃水由来説を否定する反論を許したともいえる。

　しかし、1940年にはHunterらが[3]、1948年にはAhlmarkが[4]、さらに1952年にはSwenssonが[5]、既に有機水銀中毒を報告している。したがって、前記③の考えは否定される。
（略）前述の①と②の見解を否定する論文[6,7]が、水俣病発生公式確認の時点で既に存在していた。即ち、アセトアルデヒド製造工程で触媒である無機水銀から有機水銀が副生される事、アセトアルデヒド製造工程でこの有機水銀による中毒が起きている事等がこれらの論文には明確に示されており、しかも全ての論文が国内で検索可能であった。にも係わらず、これらの報告が明らかにされたのは1987年である。しかも、これらの報告[6,7]を明らかにしたのは医学者ではなく弁護士（浅岡美恵氏）で、特別の方法で検索したのではなく、Kurlandの報告[8]を手がかりに、我々が日常行っている方法で検索した結果である。このことは、文献検索の進め方や研究における関心の持ち方等について我々に深刻な反省を迫っている[9,10]。★[105]

★文献
1) 有馬澄雄（編）水俣病 東京:青林舎 1979;842-857
（略）
3) Hunter D Bomford RR Russel RS.Poisoning by Methyl Mercury Compounds.Quart J Med 1940;33:193-213
4) Ahlmark A.Poisoning by methyl mercury compounds.Brit J Ind Med 1948;5:117-119.
5) Swensson A.Investigations on the toxicity of some organic mercury compounds which are used as seed disinfectsnts（ママ）. Acta Med Scand 1952;143:365-384.
6) Zangger H.Erfahrungen ueber Quecksilber vergiftungen（ママ）. Arch fuer Gewerbepath u Gewerbehyg 1930;1:539-560
7) Koelsch F. Gesundheitsschaedigungen durch organische Quecksilberverbindungen.
Arch fuer Gewerbepath u Gewerbehyg 1937;8:113-116.
8) Kurland LT Faro SN Siedler H.Minamata Disease.World Neurology 1960;1:370-395.
9) 藤野 紀「ある弁護士による水俣病の文献的考察」『熊精協会誌』1988;No.54:1-2
10) 浅岡美恵 「60年前の「水俣病」証言:有機水銀中毒に関する文献的考察」『熊精協会誌』1988;No.54:3-16 ★ [106)]

　もし石原信夫の指摘が正しければ、これら既存の文献にすばやくたどり着くことで、あるいは水俣病の被害拡大を回避することができたかもしれない。もちろん、これらの文献に対しても、やはり何らかの反論が降り注いだかもしれない。ただ、石原の論文を読む限り、「これら文献がタイムリーに発見・報告されていたなら、被害拡大回避の可能性が、あるいは高まったかもしれない」と筆者は思わずにはいられない。遠い大きな目標の実現も確かに重要だが、目標までの各時点でより望ましい方向へ進む可能性を高めることが肝心である。
　では、サステイナビリティ学が主張する「知識の構造化」はそれに寄与するものだろうか。筆者には、この点が依然として不明である。

梶川らは、知識をネットワークという枠組で記述することを主張し、ネットワークの例として引用関係ネットワークをあげる。

★（略）さまざまな知識がネットワークという枠組みで記述可能である。（略）このネットワークの例は、学術論文の引用関係ネットワークである。学術論文を執筆する場合、関係する既存の論文を引用するのが常である。したがって、引用によってリンクが張られた複数の学術論文は、なんらかの内容の類似性を有すると考えられ、引用関係のネットワーク構造は、学術知識の構造を反映するものといえるであろう。★[107]

　確かに、引用をたどっていくことで過去の他の論文へと視野を広げることは、その分野の理解を深めるためには有効である。また、より多く引用される論文は、それだけ多く注目されているといえよう。だが、引用が少ない論文は重要度も低いのだろうか。決してそうとはいえない。引用が少ない論文の中には、きわめて先駆的・根源的であり、読者がその価値を容易に理解できないものがあるだろう。そこまでいかなくても、その分野の当時の流行や関心から外れたため、注目されなかったものもあるかもしれない。あるいは、結論はありふれたものでも、結論に至る過程に独創性が見出される場合もあり得る。たとえば、それまで定性的にしか語られなかった事象に理論が適用され、定量化が可能になったという場合である。さらに、比較的マイナーな雑誌に投稿した、論文が英語ではなかった、著者が有名ではなかったという場合も考えられる。筆者はこのような論文を「孤高の論文」と呼んでいるが、引用関係からその分野の全体像を把握するというやり方では「孤高の論文」が抜け落ちしやすくなるのではないかと危惧している。単に引用関係を追うだけではなく、個々の論文の内容をきちんと理解・評価する必要がある。
　とはいうものの、膨大な数の論文について、その内容をすべて把握するのはやはり時間がかかり過ぎる。それではどうするか。筆者は、引用関係がどうなっているかという前に、「望ましい文献調査とは何か」を世の中で検討・実践すべきだと考えている。そして、社会全体

で文献調査のレベルアップを図るべきである。自分の大学や企業での経験を振り返っても、教官、先輩、上司等から文献調査の指導を受けたという記憶がほとんどない。おそらく、「文献調査なんか、わざわざ教えなくてもだれでもできる」という固定観念があるのではないか。また、上位者は、「他人が書いた文献の調査はほどほどにして、君が自分の結果を早く出せ」と思いがちなのかもしれない。そのために、十分に時間をかけることが容認されない雰囲気下で、おざなりの文献調査がまかり通っているのだろう。

だが、良い研究は、良い文献調査によって築かれる。まず、文献調査に十分な時間をかけることが奨励される土壌を育てる必要がある。最近では、文献のデータベース化が進みキーワード検索が可能となり、以前よりも調査しやすくなっている。これはありがたいことだが、他方ではキーワードによる絞り込みに注意を要する。重要文献、特に「孤高の論文」を見逃さないようにしなければならない。

時間がかかり過ぎないようにするために、まずキーワードを少なめにして検索し、数百〜千件ぐらいヒットしてから文献のタイトルだけ印刷してざっと目を通し、抄録を読む文献を即決する、それから抄録を読んで全文を取り寄せるべき文献を決めるという方法が考えられる。これによってキーワードによる絞り込みに頼り過ぎることが回避され、検索者の「眼力」すなわちタイトルから内容を適確に想像する能力も養われるだろう。

本章では、サステイナビリティ学の基盤論として吉川弘之の「ループ論」と梶川裕也・小宮山宏の「知識と行動の構造化」を取り上げ考察した。両者に対する疑問点をあげると、前者では、社会を1つの巨大なループという機関に改造し、その中で科学技術的活動の加速を目指すのか、トランスサイエンス問題をどう考えるのか、などである。後者では、論文の引用関係を追うだけで1つの学問分野を把握・活用できるのか、「局地的な公害問題」と地球規模環境問題は不連続なのか、遠大な目標の達成を狙うあまり初動対応の重要性を忘れていないか、などである。

引用文献

1) http://www.ir3s.u-tokyo.ac.jp/ 「出版物」の項目の「ｻｽﾃｲﾅﾋﾞﾘﾃｨ学教科書」より引用
2) http://www.ir3s.u-tokyo.ac.jp/ 「出版物」の項目の「サステナ」より引用
3) 住正明 「新しくなった『サステナ』」『サステナ』Vol.15 p.27 IR3S 2010年
4) 小宮山宏ら編『サステイナビリティ学①サステイナビリティ学の創生』(刊行にあたって) 東京大学出版会 2011年
5) 小宮山宏ら編『サステイナビリティ学①サステイナビリティ学の創生』(序章「サステイナビリティ学とは何か」 執筆者は小宮山宏・武内和彦) p.1 東京大学出版会 2011年
6) 政野淳子『四大公害病 水俣病、新潟水俣病、イタイイタイ病、四日市公害』p.4 中央公論新社 2013年
7) 西村肇 岡本達明『水俣病の科学』p.18 日本評論社 2001年
8) 環境省 環境保健部 環境安全課「水俣病の教訓と日本の水銀対策」p.5 2013年
9) 政野淳子『四大公害病 水俣病、新潟水俣病、イタイイタイ病、四日市公害』p.26 中央公論新社 2013年
10) 橋本道夫『水俣病の悲劇を繰り返さないために - 水俣病の経験から学ぶもの -』p.86 中央法規 2000年
11) 中野浩「検証「水俣病総合調査研究連絡協議会」―有機水銀説あいまい化経過再考―」『科学史研究』Vol.49 p.91~92 2010年夏
12) 政野淳子『四大公害病 水俣病、新潟水俣病、イタイイタイ病、四日市公害』p.28 中央公論新社 2013年
13) 中野浩「検証「水俣病総合調査研究連絡協議会」―有機水銀説あいまい化経過再考―」『科学史研究』Vol.49 p.94~96 2010年夏
14) 砂川重信『物理学対話 古典力学から量子力学まで』河出書房新社 2012年
15) 同上 p.104の「第40図 ガリレイ変換」を引用した。
16) 同上 p.134

17) 小宮山宏ら編『サステイナビリティ学①サステイナビリティ学の創生』(序章「サステイナビリティ学とは何か」 執筆者は小宮山宏・武内和彦) p.4　東京大学出版会　2011年
18) 小宮山宏ら編『サステイナビリティ学①サステイナビリティ学の創生』(第2章「サステイナビリティ学の概念」執筆者は吉川弘之)　p.38~39　東京大学出版会　2011年
19) 同上　p.40
20) 同上　p.42
21) 同上　p.43
22) 同上　p.45
23) 同上　p.46
24) 同上　p.40
25) 同上　p.42~43
26) 同上　p.43
27) 同上　p.45~46
28) 同上　p.46
29) 西村肇　岡本達明『水俣病の科学』p.39　日本評論社　2001年
30) 同上　p.317
31) 同上　p.58~63
32) 同上　p.318
33) 橋本道夫『水俣病の悲劇を繰り返さないために─水俣病の経験から学ぶもの─』p.87　中央法規　2000年
34) 同上　p.110~111
35) 西村肇　岡本達明『水俣病の科学』p.318~319　日本評論社　2001年
36) 「VW、幹部関与どこまで、排ガス不正の内部調査、開発トップ責任焦点、部品共通化で影響拡大」『日本経済新聞』2015年10月01日　p.3　「VW縛った「世界一」、鬼門・米攻略、トップに焦り、エコカーの信頼揺るがす（ニュース解説）」『日本経済新聞』2015年10月01日　p.9
37) 小宮山宏ら編『サステイナビリティ学②気候変動と低炭素社会』p.85（「第4章気候変動への適応」　執筆者は三村信男）　東京大学出版会

2010 年
38) 戸田山和久『「科学的思考」のレッスン 学校で教えてくれないサイエンス』p.92　NHK 出版　2011 年
39) 江守正多『地球温暖化の予測は「正しい」のか 不確かな未来に科学が挑む』p.78~87　化学同人　2008 年
40) 真鍋淑郎「二酸化炭素と気候変化」『科学』Vol.55　No.2　p.84~92　1985 年
41) 住正明『さらに進む地球温暖化』p.73~91　ウェッジ　2007 年
42) 工学における教育プログラムに関する検討委員会「8 大学工学部を中心とした工学における教育プログラムに関する検討」1998 年（平成 10 年）5 月 8 日
43) 西尾実ら編『岩波 国語辞典 第 4 版』p.367　岩波書店　1986 年
44) 同上　p.365
45) 小宮山宏ら編『サステイナビリティ学①サステイナビリティ学の創生』（第 2 章「サステイナビリティ学の概念」 執筆者は吉川弘之）p.47~48　東京大学出版会　2011 年
46) 同上　p.48~49
47) 増田耕一「地球温暖化に関する認識は原因から結果に向かう気候によって発達した」『科学史研究』Vol.54　No.276　p.327~328　2016 年 1 月
48) 同上　p.336
49) 同上　p.335
50) 深井有『地球はもう温暖化していない　科学と政治の大転換へ』p.21　平凡社　2015 年
51) 同上　p.29
52) 同上　p.108
53) 同上　p.119~120
54) 同上　p.127~133
55) 同上　p.210
56) 中島映至ら『正しく理解する気候の科学―論争の原点にたち帰る』p.148　160　技術評論社　2013 年
57) 深井有『地球はもう温暖化していない　科学と政治の大転換へ』

p.134　平凡社　2015 年
58）同上　p.48~49
59）中島映至ら『正しく理解する気候の科学 - 論争の原点にたち帰る』p.159 の図 5-12（なおこの図は　Agee　E.M.　et al.（2012）.Relationship of lower troposphere cloud cover and cosmic rays:An updated perspective J.Climate　pp.1057-1060 から引用している）　技術評論社　2013 年
60）片岡龍峰「宇宙線と雲形成 - フォーブッシュ現象で雲は減るか ?-」『地学雑誌』Vol.119　No.3　p.520 の図 1（d）　2010 年
61）深井有『地球はもう温暖化していない　科学と政治の大転換へ』p.32　平凡社　2015 年
62）同上　p.32
63）同上　p.212
64）同上　p.175
65）ハートら「海の生き物を脅かす酸性化」『別冊日経サイエンス』No.197　p.80~88　2014 年
66）深井有『地球はもう温暖化していない　科学と政治の大転換へ』p.225~228　平凡社　2015 年
67）増田耕一「地球温暖化に関する認識は原因から結果に向かう気候によって発達した」『科学史研究』Vol.54　No.276　p.332~333　2016 年 1 月
68）深井有『地球はもう温暖化していない　科学と政治の大転換へ』p.228　平凡社　2015 年
69）真鍋淑郎「二酸化炭素と気候変化」『科学』Vol.55　No.2　p.86　1985 年
70）文部科学省ほか翻訳『IPCC 地球温暖化第四次レポート―気候変動 2007 ―』p.61　p.63　中央法規　2009 年
71）斎藤美奈子「今週の名言奇言　温暖化よりは寒冷化に備えなければならない」『週刊朝日』2015.11.27 号　p.72　2015 年
72）平川秀幸『科学は誰のものか　社会の側から問い直す』p.175~176　NHK 出版　2010 年
73）小宮山宏ら編『サステイナビリティ学①サステイナビリティ学の創生』（第 2 章「サステイナビリティ学の概念」　執筆者は吉川弘之）p.55

東京大学出版会　2011 年
74）同上　p.55~56
75）同上　p.57
76）同上　p.61
77）同上　p.61~62
78）池内了『科学のこれまで、科学のこれから』p.53　岩波書店　2014 年
79）同上　p.53~54
80）同上　p.55
81）同上　p.56~57
82）小宮山宏ら編『サステイナビリティ学①サステイナビリティ学の創生』(第 3 章「サステイナビリティ学と構造化 - 知識システムを構築する」執筆者は梶川裕矢・小宮山宏) p.74　東京大学出版会　2011 年
83）同上　p.67
84）同上　p.68~69
85）同上　p.71~72
86）同上　p.74
87）同上　p.76~77
88）同上、p.77
89）三枝武夫「セレンディピティ - 意外性のなかに潜む本質を見抜く「発見のこころ」」『化学』Vol.68　No.12　p.37~40　2013 年
90）小宮山宏ら編『サステイナビリティ学①サステイナビリティ学の創生』(第 3 章「サステイナビリティ学と構造化 - 知識システムを構築する」執筆者は梶川裕矢・小宮山宏) p.78~79　東京大学出版会　2011 年
91）鮎澤純子「1. 医療安全 . 質管理の理論と実際 - 測ることができないものは良くならない」『日本内科学会雑誌』Vol.101　No.12　p.3456　2012 年
92）小宮山宏ら編『サステイナビリティ学①サステイナビリティ学の創生』(第 3 章「サステイナビリティ学と構造化 - 知識システムを構築する」執筆者は梶川裕矢・小宮山宏) p.79~80　東京大学出版会　2011 年
93）同上　p.81
94）國廣哲彌ら編『小学館プログレッシブ英和中辞典 第 4 版』p.1042

小学館　2003 年
95）小宮山宏ら編『サステイナビリティ学①サステイナビリティ学の創生』（第 3 章「サステイナビリティ学と構造化 - 知識システムを構築する」執筆者は梶川裕矢・小宮山宏）p.83~84　東京大学出版会　2011 年
96）同上　p.85~86
97）同上　p.86~88
98）同上　p.88~89
99）同上　p.89~90
100）同上　p.90
101）同上　p.95
102）同上　p.90~91
103）同上　p.91
104）同上　p.94
105）石原信夫「水俣病の原因究明における反省点を今後の教訓とするための一考察」『日本衛生学雑誌』Vol.56　No.4　p.649~650　2002 年
106）同上　p.653
107）小宮山宏ら編『サステイナビリティ学①サステイナビリティ学の創生』（第 3 章「サステイナビリティ学と構造化 - 知識システムを構築する」執筆者は梶川裕矢・小宮山宏）p.76　東京大学出版会　2011 年

第3章　IR3S関係者の方法論

　本章では、第1部第3章「エントロピー論者の方法論」の冒頭で述べたのと同じ問題意識を持って、IR3S関係者の方法論を取り上げる。本章の後半では、特にIR3S関係者の原発に対する考え方に焦点を当てる。

3.1　『サステイナビリティ学①〜⑤』の方法論について
　第5章の冒頭で紹介したサステイナビリティ学の教科書5冊の中で、筆者が注目する記述を紹介しコメントする。

3.1.1　イノベーション、対象の複雑さ
　鎗目雅は、『サステイナビリティ学①サステイナビリティ学の創生』の第4章で、サステイナビリティ学におけるイノベーションの重要性について論じる。

★現在、エネルギー・水・食料資源にかかわる長期的な制約から、地球規模でのサステイナビリティに対する懸念が世界的に強まっている。このような科学技術、経営、政策、制度が相互に複雑に絡みあう問題に対しては、各個人や組織がそれぞれ単独で対処していくことがきわめて困難であり、ネットワークを通じて多様な主体が共創的に取り組むことにより、社会レベルでのイノベーションを創出していかなければならない（略）。★[1]

　確かに、持続可能社会実現のためにイノベーションを必要とする局面があることは理解できる。小宮山宏らも『サステイナビリティ学①』の序章で以下のように述べており、筆者も一理あると思う。

★さらに地球温暖化を緩和しようとすると、化石燃料の使用を劇的に減少させ、再生可能エネルギー開発などを加速化させるとともに、徹底的な省エネルギー技術の発展が不可欠となる。そのためには、工学的な観点からの技術開発が欠かせない。★[2]

鎗目はエネルギー・水に関するイノベーションの具体的なケースについて説明している。彼は、エネルギーの例としてカドミウム含有太陽電池を取り上げる。

★近年、持続可能なエネルギー技術として、太陽電池が世界的に大きな注目を集めている。これまで日本は、エレクトロニクス産業の強固な基盤を背景として、太陽電池に関する技術開発及び住宅などへの導入において世界をリードしてきたといわれるが、ここ数年は欧州、とくにドイツにおける普及が急激に進み、累積導入量では日本を抜いて世界一となるに至っている。(略)また米国企業であるファースト・ソーラー社はきわめて短期間の間に世界3位にまでのぼりつめており、現在のプライスリーダーといわれている。この企業はカドミウム・テルル（CdTe）型の太陽電池を製造販売しているが、このタイプのバンド・ギャップは太陽光とマッチングがとれており、光電変換効率も製品レベルで10~11%に達している（略）
しかし、この製品は、カドミウム（Cd）という毒性が高い金属を含み、また酸性雨で解ける可能性もあることから、環境保護の点から問題が大きいと考えられ、日本では商業化には至らなかった。(略)
カドミウムという有害物質を使用することへの懸念に対しては、カドミウム製錬の副産物として必ず生産される金属であることから、それを完全に回収しリサイクルすることで、永久に太陽電池として閉じたサイクルのなかで利用してくという方向で対応している。環境面にも配慮したサステイナビリティ・イノベーションとしてビジネス・モデルを構築することで、社会的な正統性を獲得しながらビジネスを展開する戦略をとっているのである。★[3]

この記述の中で、「カドミウム製錬」は、亜鉛精錬の間違いではないか[4]。そもそも、カドミウム製錬の副産物がカドミウムということはないだろう。
鎗目は、ファースト・ソーラー社のCdTe型太陽電池が「完全に回収しリサイクルすることで、永久に太陽電池として閉じたサイクルの

なかで利用」されるので、「環境面にも配慮した」ビジネス・モデルだと評価している。しかし、本当にそう断言できるだろうか。万一、同社が倒産したら、誰が太陽電池のリサイクルを確実に引き継ぎ、安全に実施するのか。リサイクルの完全性や永久性の根拠が示されていない。

　また、たとえ通常の気象条件下ではカドミウム汚染の心配がないとしても、建物の屋根や屋上に設置した太陽電池が火災などで高温にさらされた場合は、どうなのか。サステイナビリティ学は、非常時に対する想定が不十分ではないか。

　サステイナビリティ学は、一方では各種シーズ技術に対して根本的な疑問を呈することがなく、他方では、何かと対象の複雑さを強調し、それゆえに新しい学問としての自らの存在意義を訴えかける。たとえば、鎗目は以下のように語る。

★地球レベルでの持続可能性を追求する際の対象空間は広範囲にわたる。次世代を含む長期間におよぶ要素間の相互依存関係は非常に複雑である、そして不確実性がきわめて大きいために、異なる分野間での共創が本質的に必要とされる。そこで自然・人間・社会システムの間の相互作用に関する基本的な性質を理解するための新しい学問的アプローチとしてサステイナビリティ学が提唱されている。従来からある学問体系ではうまく取り扱うことができなかった現象に対して、新たな概念や方法論を活用して解明を進めていくとともに、社会におけるさまざまな問題に対応するための具体的な解決策の提示・実行に向けて貢献していくことが目標として掲げられている。★ [5)]

　梶川裕矢・小宮山宏も、同様の傾向が見られる。
★しかし、持続可能性という問題において、そのような問題と解決策を提示することは簡単ではない。問題が複雑で不確実だからである。
（略）
しかし、新たに発生した地球規模の環境問題は複雑である。（略）
このように、問題解決に必要な知識が多岐にわたり、かつそれらが複雑に絡みあっている問題を解決するには、知識の構造化により問題の

構造を明らかにするとともに、現在の人類が有している知識を同定し、全体像を理解することが必要である。★[6]

　それでは、サステイナビリティ学は、対象の複雑さを単純化することなく、あえて極力複雑なままで対象を認識・理解し、問題解決を目指そうとするのか。筆者は、そのための指導原理や確立した方法論を鎗目や梶川らの文章の中に見出すことはできなかった（おそらく、そういった原理等はこれから明らかにしていくということだろう）。
　しかし、複雑な対象を正しく単純化することは、やはり必要ではないか。何より、対象を複雑なまま取り扱うことは検証に時間がかかり過ぎて、対策の実施になかなか第一歩を踏み出せない恐れがある。ここで「正しく」というのは、問題解決に有効ということである。対象の本質を見抜いていればこそ、正しく単純化することができる。
　また、複雑だからといって対象にかかわる要因のすべてをターゲットにすることは得策ではないだろう。各要因の対象への寄与を適確に判断し優先順位をつけて、予算とマンパワーを投入することが求められる。これに関して、パレートの法則というものがある。この法則は、以下のように表わされる。

★（略）関連する結果の80％はしばしば可能な原因の20％に起因している（略）
種や原因の上位20％が母集団や結果の80％を占める（略）★[7]
★（略）ある分類項目によってデータを大きさの順に並べたときに上位の少数のものが全体の大部分の割合を占める（略）★[8]

　この論文の後半部分である小林良行の解説を読むと、80や20といった数値が閾値になるとは限らないようである[8]。しかし、「大多数の結果は、少数の原因によって引き起こされる」という指摘は重要である。これに従えば、複雑な因果関係の完全解明に血道を上げるよりも、主要原因の特定と対策立案に時間をかける方が生産的である。
　では、その特定と立案をどうすればよいのか。正直言って、筆者には何も名案がない。「地道にやる」ということぐらいしか思い浮かば

ない。ただ、現行技術の各分野にもっと積極的に普遍性の高い科学を適用して定量的予測性を向上させることは必要だと考えている。そうやって物事の見通しを良くするのである。たとえば、鉄鋼業の基盤学問である鉄冶金学では、状態図が重要な役割を担う。★状態図とは、濃度、温度、圧力といった状態変数と物質の状態の関係を図的に示したものであり、2元合金状態図の場合は濃度と温度の2軸で表現される★[9]。状態図から、2元合金では元素AとBをどんな割合で溶かし合わせて何度に保てば何ができるかについての情報が得られる。鉄鋼業でこのAとBの組み合わせの代表例は、鉄と炭素である。オランダの物理化学者ローゼボームは、鉄-炭素系の状態図研究に熱力学理論であるギブスの相律を適用した[10]。

★ギブスの相律は、

$$F=C+2-P$$

という簡単な式であらわされる。(略)彼(ギブス)は「自由エネルギー」とか「化学ポテンシャル」とか混合物の組成を明確にする「相」とかいう概念を駆使しながら、化学熱力学を創造した。そして、いくつかの相からなる系の変化が、どのような法則に支配されるかを考察した。共存する相の数をP、成分の数をC、温度、圧力、組成などの変数について、相と相とが平衡を保つときに自由に定めうる変数の数を自由度（F）とするとき、それらの間に上述の式が成り立つことを証明したのである。★[11]

　鉄-炭素系の状態図は、鉄鋼の生産と材料開発にとって非常に重要である。なぜなら、★どのような元素を添加するか、どのような温度変化をするかによって多様な性質を示す物質が鉄鋼だからである。製品に必要とされる性質を与えるために、どのような元素を添加すべきかが明らかにされなければならなかった。鉄と炭素の関係を解明することは、この課題の解決のために最も必要とされたことであった。★[12] ル・シャトリエもローゼボームの成果について、★鉄-炭素合金のような複雑な現象を実験で調べようとするとき、絶対にみちびきの糸なしには不可能であり、相律こそまさにこのみちびきの糸である。それは科学者

たちが一生を費やしてもやれないような仕事を短期間でできるようにしたものである★[13)]と高く評価している。この「導きの糸」という表現が筆者にはとても印象深い。

　ローゼボームがギブスの相律を鉄—炭素系に適用した状態図を含む論文を発表したのは、1900年である[14)]。すなわち、鉄鋼業ではかなり早い時期に熱力学の成果が取り入れられて、見通しのよい開発に貢献したと考えられる。一方、鉄鋼業と深い関連がある技術分野の1つに耐火物がある。耐火物は、鉄鋼、セメント、硝子などの高温化学産業で使用される生産材である[15)]。鉄鋼業では、溶銑、溶鋼、スラグの保持や化学反応あるいは鋼材の加熱を行う炉、容器等の内張り材として使用される。さらに、各種ノズルの材料にも用いられる。

　筆者は、製鉄会社に入ってある期間、耐火物の開発に従事したことがある。一般に耐火物は、使用中に損耗し厚みが減っていく。所定の厚みまで減ると、その炉は寿命に達したと判断され、新しい耐火物が内張りされる。耐火物の損耗にも化学反応が深く関与する場合が多く、したがって熱力学の必要性は高いと考えられる。だが、筆者の経験では、耐火物に熱力学が積極的に適用されるようになったのは1980年代になってからのようである。

　持続可能社会の実現においても、耐火物のように普遍性の高い科学の適用が遅れている技術分野があれば、まずはその分野への適用を急ぎ、「導きの糸」とともに見通しの良い開発を行うことが肝心ではないか。

3.1.2　将来への経路としてのシナリオ

　増井利彦らは、『サステイナビリティ学②サステイナビリティ学の創生』の第5章で、長期シナリオと持続型社会について論じる。増井らは、まず以下のように述べる。

★持続型社会の実現には、社会変革につながるさまざまな抜本的対策の導入が必要不可欠であるが、そうした対策の導入に関する意思決定は容易ではない。

　不確実性のもとで意思決定を支援するツールとして、シナリオ分析やシナリオ・プランニングが活用されている。シナリオ・プランニン

グおよび政策科学の分野においては、「シナリオとは、将来環境を描写したものを意味する（略）」（宮川,1994）★ 16)
★宮川公男（1994）政策科学の基礎,東洋経済新報社★ 17)

　一方、増井らは、シナリオを「将来環境の描写」というより★持続型社会も含めたさまざまな将来像とそれに至る経路（道筋）★ 18)と位置づける。次に、シナリオを描く手法として、フォアキャストとバックキャストを取り上げる。フォアキャストは、★現状を出発点として、将来の目標に縛られることなく未来像を描く方法★ 18)である。バックキャストは、★将来のビジョンや目標をあらかじめ明確にしておき、現在からその将来像、目標にいたる道筋を描く方法である。望ましくない将来像の場合には、それを避ける道筋を示すことになる。★ 18)。
　増井らは、フォアキャストとバックキャストの特徴についてさらに詳しく述べる。

★フォアキャストでは、現状の社会構造やドライビングフォース（略）を前提として、将来の望ましい環境像や社会像は明示せずに、環境対策についてもできるところから行うという立場をとる。この手法では、将来の環境像はシナリオの帰結として描かれるのみであり、描かれた将来の環境像は持続型社会からみて望ましいものになるという保証は必ずしもない。
　いっぽう、持続型社会を構築するために、どのような社会にしたいのか、どのような環境の中で生活したいのか、といった将来の社会像や環境像についてのビジョンを描き、それを国民あるいは世界全体で共有することが重要である。さらに、描かれたビジョンを実現させるために、どのような対策を導入する必要があるかを議論する必要がある。（略）そのうえで、より根本的に社会・経済活動そのものをどのように変革していくかというバックキャスト型の視点を導入することが必要となる。このように、バックキャスト型のシナリオを構築する際には、目標となる将来像であるビジョンの設定が必要となる。★ 19)

　以上の記述およびこの後に各種のビジョンや長期シナリオを紹介し

ている[20]ことから推測して、筆者らはバックキャストを指向しているようである。筆者は頭からバックキャストを完全否定するわけではないが、気になる点がいくつかある。

1つは、バックキャストによるシナリオがどれだけ確かなものかという疑問である。シナリオは「不確実性のもとで意思決定を支援するツール」だとしているが、ならばそこにはどれだけの不確実性が存在するのか。その不確実性は、意思決定の結果にどれだけ影響を及ぼすのか。不確実性があるために、「こうすれば、こうなる」という大体の傾向が理解されればよいのか、それともある指標の将来の値そのものが重要なのか。もし後者なら、不確実性を縮小するために新しい知見を取り入れてモデルをたえず改良し続けなければならないのか。その場合、最終的検証はいつになるのか。それとも、最終的検証などというものはそもそも存在せず、「永遠の改良」だけが存在するのか。もしそうなら、シナリオの確かさを追求することは虹を追いかけるようなものなのか。

2つ目の気になる点は、バックキャストにより一見将来像としてビジョンが映し出されるように見えても、それは過去の知見を基に構築されたモデルが我々に示していることではないか。すなわち、それは過去を通して未来を見ているのではないか。ならば、むしろ過去をより深く理解することが先決ではないか。

3つ目は、「将来像を国民あるいは世界で共有することが重要」だと強調しているが、どうやって共有するのか。その方法が明示されていない。

筆者は、バックキャストについて、およその傾向を知るために参考になる場合があるかもしれないが上記のような疑問点も多いという認識を持っている。この方法が「占い師の水晶球」みたいなものにはならないことを願う。

3.1.3 低炭素社会ビジョンと実現の手段

藤野純一は、『サステイナビリティ学②気候変動と低炭素社会』の第6章で、自身も参画した研究プロジェクト（通称「日本低炭素社会シナリオ研究」[21]）の内容を中心にして、低炭素社会の実現について論じる。

藤野は、★いまからできることを想定して現状から将来を予想する手法（フォアキャスティングとよぶ）ではなく、将来のあってほしい姿を想定してそのビジョンを実現する方法を同定する手法（バックキャスティングとよぶ）を用いて分析している★[22)]。そして、西暦何年までに二酸化炭素排出量を何％削減することを目標として、それを可能にする将来ビジョン（複数）のために何をするか、を解説する。
　しかし筆者が注目するのは、彼がこの章の最後に「低炭素社会を実現する鍵はなにか？」の中で吐露している「思い」である。彼は、このプロジェクトに参加して見出した課題を以下のように述べる。

★① 2020年および2050年の日本を考えるうえでは複数のビジョンが必要
（略）固定された１つの社会ビジョンでは、限定された範囲での答えしか出せない。将来のビジョンを示すのは政治の役割ではないか。
②現在は、いままでの高炭素社会から低炭素社会に向かう転換期である。
数値シミュレーションモデルは過去のトレンドから将来を予測することは得意だが、今までのトレンドから大きく逸脱しうる転換期を表現することは苦手である。
③なぜ、低炭素社会に向かったらよいかの根拠が不足している
単純にエネルギーと二酸化炭素排出量の範囲での分析なら、削減すればするほど対策に費用がかかり、経済的にはやらない方がよいことになってしまう。対策を遅れせることによる温暖化の被害影響の証拠が不足している。（略）定量的な証拠がないとモデルのなかに加えられず、それらを反映しない結果しか示せない。★[23)]

　これだけ読むと、「それでは数値シミュレーションによる将来予測は何の意味があるのか」というツッコミを入れたくなるかもしれない。筆者も、一方ではそういう気持ちになる。だが、他方では実際に研究プロジェクトに参加した人間の素直な感想として受け止めたいとも思う。その上で筆者としては、筆者に「それならば、どのような将来予測が望ましいのか」を提言してほしいところである。しかし、藤野は

そうではなく、彼が考える2種類の低炭素社会、および最近彼が関心を寄せるキーワードを説明して、この章を締めくくっている。

まず、2種類の低炭素社会とは何か。

★私は、低炭素社会には「狭義」の低炭素社会と「広義」の低炭素社会があると考えている。「狭義」の低炭素社会とは、温室効果ガス排出量のおもな原因である二酸化炭素をおもにエネルギー供給の範囲でコスト効率的に削減する社会である。いっぽう、「広義」の低炭素社会はエネルギーを必要とする社会経済構造まで立ち返り、エネルギーと二酸化炭素の観点からは高コストであっても、将来の社会の便益まで含めると効率的になる対策や政策を実施していく社会である。★[24]

確かにもっともな見解ではある。しかし、ここでも筆者は藤野に答えを求めたい疑問がいくつかある。たとえば、どうすれば（今の社会のことで精一杯の）私たちは「将来の社会の便益まで」考慮することができるようになるのか。「対策を遅らせることによる温暖化の被害影響の証拠が不足している」状況で、いかにして「将来の社会の便益まで含めると効率的になる対策や政策を実施していく」のか。被害影響が定量化できないと、ある対策が将来において効率的かどうか判断が難しいのではないか。

次に、藤野が関心を寄せるキーワードとは何か。

★最近私が関心を寄せるキーワードとして、「アジア」「Transition Management（移行管理）」「社会実装」「役割分担」「2.5人称」などがある。（略）アジアに対して、日本がいち早く持続可能な低炭素社会を実現し、お手本を示すことが大事だと考える。一方で、（略）目指すべき国のかたちを何度もみつめなおしながらも、そこへたどる道筋を試行錯誤による学習を通じて論理的にみつけだしていく「Transition Management」を、広義の低炭素社会を念頭に行うことが必要である。その際、いかに社会の多面的な価値に適合するように「社会実装」するか、多様な専門家集団や一般市民の「役割分担」をどうやってコーディネイトしていくのか、そして各人が客観的な見地に立ちながらも

他人事でなく温かみの目をもった「2.5人称」(環境省、2006)の立場で接していけるかで、持続可能な低炭素社会が実現できるかどうかが決まるのではないか。★[24)]

　これらキーワードを読んでの感想を述べてみたい。まず、「Transition Management」では「道筋を試行錯誤による学習を通じてみつけだしていく」と言っているが、これはバックキャスティングとどのように整合するのだろうか。すなわち、試行錯誤をも取り込んだバックキャスティングなどというものが可能なのか。試行錯誤は、そもそも「やってみなければ分からない」が基本であり、やって結果が出たところで必要に応じて軌道修正し、またやってみるというものではないか。もちろん、やみくもにやるのではなく、「当らずも遠からず」を積み重ねて徒労を極力回避することが重要である。そのために、先に述べたような科学の適用による見通しの良い開発が必要になる。同時に、良いアイディアを出し続けて具現化することも欠かせない。それによって、「カード (card)」を手元に多くそろえ、状況に応じてふさわしいものを出すのである。ここで「良い」とは、たとえ規模は小さくても新規性・進歩性があり、問題解決に有効なことを意味する。最近、筆者が注目した事例は、太陽の光を発電と農作物で分かち合う「ソーラーシェアリング」である[25)]。この太陽光発電施設において★パネルは見上げるほどの高さにあり、細長く、まばらである。地面に十分日光が届く設計で、農業ができるという★[25)]。これによって、耕作放棄地が有効利用されたとのことである。

　次に、藤野が推奨する「2.5人称」という考え方についてだが、これは★環境省(2006)「水俣病問題に係る懇談会」提言書(平成18年9月19日)★[26)] の中で紹介されている。ここで、「2.5人称の視点」は以下のように説明されている。

★人間の「いのち」や「死」は、そのことにかかわる者の立場(人称)によって、意味が違ってくる。(略)
「2人称の死(あるいはいのち)」は、大切な家族や恋人との関係における「あなたの死(あるいはいのち)」であって、病気や死に直面する大

切な人が充実した日々を送れるように、精神的・肉体的に支えてあげなければならない立場からの死やいのちである。（略）
一方、「3人称の死（あるいはいのち）」となると、友人・知人から全くの他人に至るまで、幅が広い。友人・知人の死には、心を痛めても「2人称の死」ほどではなかろう。まして、他人や外国の人々の死となると、（略）日本に住む人々は食べ物がのどを通らなくなるほど胸を痛めることはないだろう。現代のように、職業が専門化し、職業人がそれぞれの分野の専門家になる傾向が強いと、仕事に対する姿勢や判断基準が規則や基準やマニュアルに依拠することになる。行政官にしても法律家にしても医療者にしても、その点はみな同じだ。
客観性や公平性という意味では、規則や基準やマニュアルは不可欠のものである。しかし、規則や慣行を杓子定規的に当てはめるだけだと、「冷たい乾いた3人称の視点」になってしまう。（略）あくまでも冷静な「3人称の視点」を失わないようにしつつ、1人称の被害者・社会的弱者と2人称の家族に寄り添い、《（略）今一番求められていることは何だろうか》という視点を合わせもつようにするなら、冷たく突き放すような態度はとらないだろう。《現行の規則や慣行の中でも、何とか対応することはできないか》《どうしても無理なら、規則を変えることはできないか》といった柔軟な発想と態度が生まれてくるはずである。これを、（略）「2.5人称の視点」と呼ぶのである。★[27]

さらに提言書では、「2.5人称の視点」を定着させるために次のことを主張する。

★行政官が公害、環境破壊、薬害、事故、災害、犯罪等の被害者や社会的弱者の訴えや相談に対し、「2.5人称の視点」に立って十分に配慮のある対応をしなければならないことを、法律や条例の施行・運用の中で明らかにすること。★[28]

上記の提言に関して、筆者は、心情や倫理方面にやや偏り過ぎているきらいはあるものの、一理はあると考える。筆者も、心情や倫理の重要性を決して否定はしない。それどころか、物事が一見論理的に展

開しているようでも、その根底にはしばしば情念的要素が存在すると思っている。その一方で、筆者は2つの疑問を持つ。

　1つは、はたして「柔軟な発想と態度」だけで十分か、ということである。勇気も大いに要求されるのではないか。ある行政官の「柔軟な発想と態度」が組織の方針や支配的空気となじまないとき、この行政官はしばしば孤立し、組織からの追放さえ起こり得るだろう。そのような逆境に耐える勇気を各行政官が持てるのかどうか。言わば、彼らが杉原千畝[29]のようになれるのかどうか。

　2つ目の疑問は、行政官が被害者に寄り添った対応をすることは非常に重要だが、そもそも被害の発生を極力回避することが基本的に重要ではないか。この懇談会は、★水俣病問題の社会的・歴史的意味を包括的に検証し、その教訓をもとに、今後取り組むべき行政や関係方面の課題を提言するために、環境大臣の私的懇談会として設けられた★[30]ものである。従って、主な対象は行政官ということになるのだろう。だが、それだけでは被害の回避には不十分ではないか。たとえば、企業が被害を引き起こした場合、社員の対処次第では被害を未然に回避できたか、あるいは最小限に食い止められたかもしれない。そのために必要なことを、藤野には論じてほしかった。筆者は、ここでも必要なものの1つは勇気だろうと考えている。

　藤野の「思い」については、次の文章も筆者には印象的である。

★私は、低炭素社会は、持続型社会という大きな山に登るための1つの登山道ではないかと考えている。そして、登山がそうであるように、がんばった人が報われる楽しくてワクワクする道のりをたどることが必要ではないかと思う。二酸化炭素問題≒エネルギー問題を解決するには（略）その道のプロたちが協働で向かうべき方向を定めて、現場でプロの技をいかんなく発揮してもらえばワクワクする解決策が出てくるのではないかと期待している。★[31]

　筆者は、サステイナビリティ学に対して、「局地的公害問題」と地球規模環境問題を不連続的にとらえ、後者に視点を固定化して何事も俯瞰的に考察する、というイメージを持っている。だが、藤野の文章

からは、前者からも教訓を見出し、また俯瞰では見落とされがちな個人の心情的活性化を重視する姿勢がうかがえる。ただ、「その道のプロたち」任せにするだけで良いのだろうか。アイディア創出と具現化の大切さやそのコツについては、もっと広く学校教育の中で習得されるべきだと思う。筆者自身、そのような経験はほとんどなかったと記憶している。「そういえば、大学のとき創造性を強調する教官もいたかなあ」と思い出すくらいだ。アイディア創出が一人一人の生き方に定着し、出る杭が打たれるのではなく伸ばされるような社会にならないと、ワクワクできる人間は増えないだろう。その道のプロになってからワクワクするのではなく、ワクワクできる人間がプロになるのだ。そうすれば、プロ≒ワクワクできる人間、である。その道のプロになってからワクワクしようとしても、中にはワクワクできないプロもいるだろう。彼らは、一応の矜持はあるものの、生活（お金）のためと割り切って職務に従事しているかもしれない。この場合、プロの数＞ワクワクできる人間の数、となる。

　将来の遠大な目標に向かって、不確実性を抱えたバックキャスティングを駆使して突き進むのか。それより、望ましい将来のための原理原則を常に意識しながら、当面の課題に地道に取り組み、良いアイディアが出てきたらフォアキャスティングで効果を評価する方が現実的ではないか。その際、原理原則として、たとえば以下のようなデイリーの「持続可能性の３つの条件」[32]は有効ではないか。

(1)「再生可能な資源」の持続可能な利用速度は、その資源の再生速度を超えてはならない。
(2)「再生不可能な資源」の持続可能な利用速度は、再生可能な資源を持続可能なペースで利用することで代用できる速度を超えてはならない。
(3)「汚染物質」の持続可能な排出速度は、環境がそうした汚染物質を循環し、吸収し、無害化できる速度を上回ってはならない。

　前述した勇気の問題について、少し付け加える。ある組織のメンバーが、「この組織は間違った方向に進んでいる」と感じ、方向を正そうとすることは、一般に多大な勇気を必要とする。本人にさまざま

な不利益、時には危険が及ぶ可能性が高いからである。だが、組織の間違いを放置することが、その組織だけでなく社会にとっても危険な場合がある。間違いを正そうとする者を保護する（はずの）法律として、公益通報者保護法がある。これは、★役所や企業など事業者の法令違反行為の「通報」を理由とした、労働者（公益通報者）の解雇や、降格・減給といった不利益な取り扱いを禁じた法律★[33]である。しかし、この法律の問題点として、公益通報者（いわゆる内部告発者）の保護の不備を指摘する意見もある。たとえば、光前幸一は次のように語る。

★内部告発する人は様々なリスクを背負っています。今の制度は「公益通報者を保護します」と言いつつ、具体的な保護措置がほとんどない。救済が認められたとしても微々たる損害賠償で、報復をした事業者の側への制裁は軽すぎる。社会は利益を得ているのに告発者だけにリスクを負わせる仕組みでは、制度が生きてこない。問題があれば自由に声を上げられる、風通しのいい環境を社会全体で作っていく必要があります。★[34]

　藤野が取り上げる「行政官の2.5人称の視点」も、勇気とそれに係わる制度上の問題を避けて通ろうとするならば、単に「お上の情け」みたいな話で終わってしまうのではないか。どうもサステイナビリティ学の関係者には、こういう「ナイーブ」な議論が多いように思えるのだ。彼らが本当にナイーブなのか、それとも単にそう装っているだけなのか、筆者には不明だが。

3.1.4　拡大生産者責任
　細田衛士は、『サステイナビリティ学③資源利用と循環型社会』の第3章で、資源循環の適正な制御について論じる。
　彼は、まず資源循環における2つの次元での管理・制御を説明する。

★資源循環を制御する場合、経済学的には2つの次元での管理・制御を使い分ける必要がある。それはストック管理とフロー制御である。ストックとは、ある時点で測ることのできる経済量である。いっぽう、

フローとはある期間で測ることのできる経済量である。ストック管理とは使用済み製品・部品・素材などをストックとして管理することを主に、廃棄物の適正処理・再資源化を推し進めようとする方法である。フロー制御とは、製品や使用済み製品などのフローを制御することによって、資源循環を促す方法である。★ 35)

　細田は、★先見的にストック管理がよいか、フロー制御がよいかは決めることができない★ 36)と述べるが、適正なフロー制御のための手法として、拡大生産者責任（Extended Producer Responsibility;EPR）を取り上げる。

★拡大生産者責任とは、生産物の使用後の段階まで生産者が財政的もしくは物理的に負う責任のことである。いいかえれば、経済活動から発生する残余物が廃棄物として処理されないようにするために、あるいは廃棄物として処理される場合でもなるべく再使用・再資源化・適正処理が進むようにするために、生産物連鎖（product chain）のより上流の主体に一定の責任を課すことがEPRの基本思想である。★ 36)

　EPRの理由について、細田は次のように説明する。

★生産者は自分の設計・生産した製品について、ほかの経済主体より情報を多く持っている。とくに製品が使用済みになった段階における潜在資源性や潜在汚染性についての情報や知識についてはそうである。生産者に使用済み製品の処理について一定の責任が与えられれば、汚染を顕在化させずに資源価値を顕在化させる動機が生じる。そうすることによって費用が小さくなるからである。★ 37)

　確かに、生産者は自分の製品について最も多くの情報を持っている（はずである）。問題は、その情報が必要なとき確実に存在し開示されるかどうかだ。生産者が倒産したとき、あるいは存続しているがその製品の事業から撤退したときに、どうやって必要な情報にアクセスするのか。このような場合に備えて、情報保存とアクセスに関する何らか

の公的なルールを設定すべきではないか。たとえば、生産者において情報保存が困難になった場合は、その情報を公的機関が預かり、正当な手続きで申請した者に開示する、などである。

3.1.5　里地里山とコモンズ

大黒俊成・武内和彦は、『サステイナビリティ学④生態系と自然共生社会』の第3章で、自然共生社会モデルとしての里地里山と新たなコモンズについて論じる。

　大黒らは、まず21世紀環境立国戦略について概要を述べる。

★（略）2006年6月に21世紀環境立国戦略が閣議決定された。そのなかで示された社会像が、地球温暖化の危機、資源の浪費による危機、生態系の危機、という3つの危機を解決するための「低炭素社会」「循環型社会」「自然共生社会」づくりと、それらを統合した持続型社会の構築である。（略）
21世紀環境立国戦略では、日本の伝統的な農村的土地利用である里地里山を自然共生社会のモデルとし、その保全・再生をめざす戦略を構築するとともに、アジアをはじめ世界のほかの地域との連携により、かつての里地里山に代表される人間と自然の良好な関係づくりを追求する世界共通戦略を打ち立てるべきであるとの提案がなされた。それが、SATOYAMAイニシアティブと呼ばれているものである。★[38]

　大黒らによると、★里地里山が自然共生社会のモデルとして評価されるのは、それが人間活動と自然環境の相互作用による二次的自然の生物多様性を育んできたからである。すなわち、農林業的利用を通じた生態系への定期的な擾乱が、そうした二次的自然の多様性を維持してきたのである★[39]。

　大黒らは、里地里山が提供する生態系サービスとして、供給サービスと調整サービスをあげる。★供給サービスとは、生態系から得られる生産物であり、水（清浄水）や、動植物に由来する食料、木材などの燃料、また、バイオテクノロジーに用いられる遺伝子資源などが含まれる。

調整サービスとは、生態系プロセスの調節から得られた便益であり、大気質・気候の調節、水の調節、土壌浸食の抑制、水の浄化と廃棄物の処理、疾病の予防、病害虫の抑制、花粉媒介、自然災害の防護などが含まれる。★[40)]

大黒らは、このようにさまざまなサービスを提供する里地里山が近代になって衰退してきたと言い、その一因を考察して活性化の糸口を提案する。

★SATOYAMA イニシアティブでは、農家、林業家のみにより維持されてきた里地里山の管理方式は大きく見直すべきである。もともと里山は、共有林が主体であり、地域住民によって共同管理がされてきた。その仕組みが近代になって崩壊してきたことも、里山の衰退の一因と考えられる。里地里山の再生のためには、そのような共同管理の仕組みを再構築することも重要であると考えられる。私たちは、それを「新たなコモンズ」とよんでいる。ここには、農林家のほか、自治体、企業、NGO、都市住民などが参画し、新たな維持管理システムを構築することが求められている。それは、経済的にも持続可能なものである必要がある。★[41)]

エントロピー論者の室田武もコモンズ論を展開しており（本書の第1部3章を参照）、IR3S の関係者が同じくコモンズに言及しているのは興味深い。個人でも法人でもない共同体的なものに、新たな可能性を見出そうということなのだろう。だが、どのようにコモンズを構築するのか、そのプロセスは不明である。特に、利潤追求を旨とする企業をどのように参画させるのか。この点は、ぜひ明らかにしてほしい。

3.2 IR3S と原子力

持続可能社会を構築するにあたって、今日のように石油等の化石燃料に全面的に依存することは、資源の枯渇や CO_2 排出等の問題により困難である。したがって、太陽光など化石燃料以外のエネルギー源の比率を上げることが求められる。その中で、原子力をどうするかは

方法論上の大きな問題となる。

　エントロピー論者たちは、明快に反原発を掲げている。一方、IR3S関係者は原子力をどう見ているのだろうか。筆者は『サステイナビリティ学①～⑤』を読んだが、原子力に関してまとまった議論を展開している箇所は見当たらず、短い記述が所々に点在する程度だった。それらの記述の中で、IR3S関係者の原子力に対する見解をうかがわせるものを以下に列挙する（太字・下線は筆者）。各文末のカッコ内の年月日は、これらの文章が記載されている本の出版年月日である。

(1) ★中国では、**原子力の安全性の問題**、クリーンコール技術の導入、二酸化炭素回収・貯留（CCS）技術の適用可否など検討すべき課題は多いが、IR3Sとしては、地球環境問題と地域環境問題の同時解決をめざして、今後とも中国やインドの環境・エネルギー施策にかかわっていきたいと考えている。★ [42)]（2011年1月5日）

(2) ★風力発電、太陽光発電、太陽熱利用など自然エネルギーのシェアが大幅に増加するとともに、**安心・安全な原子力発電技術の実現**による原子力発電所の設備利用率向上などにより低炭素型電力供給システムが構築される。★ [43)]（2011年1月5日）

(3) ★韓国の緑色成長政策をめぐってはいくつか論点が提示されている（略）。

　　それは第1に、緑色成長政策の理念にかかわる問題である。7つの章と65の条文からなる緑色成長基本法は、持続可能な発展基本法やエネルギー基本法など緑色成長に関連する法律すべてに対して優先権をもつとされていることには、驚かざるをえない。（略）緑色成長とはけっきょく成長優先政策の再来で、緑色は成長の手段でしかないのではないかという批判が出るのは当然である。

　　（略）

第3に、原子力発電の拡大にともなう問題で、緑色成長基本法第5章48節にもとづく施策である。原子力発電所数の総発電所数に占める割合を、2009年24%であるのを2020年に32%、2030年には41%にするという。（略）**放射性廃棄物の処理問題や発電所立地にともなう地域紛争の増加など日本において生じているのと同じ問題**

が指摘され、**社会的費用も含めて考えると原子力発電は安価とはいえず**、計画では原子力発電の費用が過小評価されていると思われる。★ 44)（2010 年 9 月 10 日）

(4) ★生活がより豊かになるように必要十分な明かりサービスを享受する際に、白熱灯ではなくて蛍光灯、さらには LED 照明にすれば、より少ないエネルギーで明るくすることができる。その際に必要な電気を、太陽光発電や風力発電、**安全な原子力**、または炭素隔離貯留装置のついた火力発電所でつくることで、ほとんど二酸化炭素を出さない電気にすることができる。★ 45)（2010 年 9 月 10 日）

(5) ★（略）**原子力は、立地・受容・リードタイム**のほかに、需要側の電力負荷率が**制約になる。**★ 46)（2010 年 9 月 10 日）

(6) ★ 2050 年のエネルギー供給については、① 2000 年時点で 1 次エネルギー消費量全体の 80% を占める化石燃料（石炭・石油・ガス）のシェアを約半分程度に減少させ、**原子力**やバイオマス、太陽・風力などの**二酸化炭素排出の少ないエネルギー**に転換すること★ 47)（2010 年 9 月 10 日）

(7) ★二酸化炭素排出量の中長期的な大幅削減を建物単体の省エネルギー対策だけで達成することはむずかしい。**原子力の安定的有効活用**や水素エネルギーシステムの開発など、**エネルギー供給の低炭素化を推進**することとあわせて、地域に賦存する再生可能エネルギーを最大限利用する取組が重要となる。★ 48)（2010 年 9 月 10 日）

(8) ★人類にとって無限といいうるエネルギー資源は、原子力**（安全であることが満たされなければならない）、**地球深部からくる地熱、それに太陽光である（略）★ 49)（2010 年 11 月 1 日）

(9) ★ 21 世紀の非化石エネルギー資源として使いうるのは、（略）太陽エネルギーと核エネルギーである。**核エネルギーに関しては放射性廃棄物の問題の解決が不可欠である。**それができなければ、20 世紀後半から 21 世紀にかけての過渡的なエネルギー技術となってしまう可能性がある。★ 50)（2010 年 11 月 1 日）

(10) ★（略）近年、エネルギー安定供給確保、**地球温暖化対策の強化**を背景として、先進国、新興国双方において、原子力発電に対する認識が国際的に高まりつつある。★ 51)（2011 年 3 月 10 日）

（11）★域内資源の乏しいアジアでは、原子力は、安定供給の確保、環境問題の克服を進めるうえでその役割は大きく、原子力を中核的なエネルギー供給源と位置づけ、その割合の維持拡大が重要となる。（略）**なかでも日本は、国際的に優位性をもつ原子力先進国として培った技術・ノウハウ**など開発支援・安全／運用管理、周辺機器・設備の供給なども含めて、さらに発展させ、**原子力分野のアジアでの地域協力を主導する積極的な役割**を担うことが期待される。★ [52]（2011年3月10日）

　上記の IR3S 関係者らは、筆者が読む限り、単に「安全な原子力」とか「放射性廃棄物の解決」など、諸課題をおそらく原子力業界に丸投げしているだけのように見える。上記の文章は、いずれも 2011 年 3 月 11 日の東日本大震災とその後の福島原発事故より前に書かれたものである。多くの人々は、原発に不安や疑問を感じるものの、あのような大事故は想像していなかっただろう。筆者もその一人である。IR3S 関係者があの事故を予見できなかった／しなかったことについて、彼らを裁く資格は、少なくとも筆者にはない。ただし、★将来のビジョンや目標をあらかじめ明確にしておき、現在からその将来像、目標にいたる道筋を描★ [53]き、★望ましくない将来像の場合には、それを避ける道筋を示す★ [53]はずのバックキャスティングという手法は、所詮その程度のものだったのか、と思う。原発事故という圧倒的に「望ましくない将来」を避ける道筋を示すことはできなかったわけだ。
　では、3.11 以前において彼らに欠けていたのは何か。それは、「そもそも、原子力はサステイナブルなエネルギー源なのか」という根本的問いかけだと筆者は考える。彼らは、この疑問に真正面から取り組もうとせず、原発の課題に簡単に触れるだけである。それどころか、彼らの中には、「国際的に優位性をもつ原子力先進国」である日本が「アジアでの地域協力を主導する」ことに期待する者もいる。彼らの原子力観は、自分たちは深く考察することはないが、原発の専門家が「より良い原発」を開発したら、それを利用するというものではない

かと想像する。

　IR3S 関係者が、原発と同様に他の分野についても、上記のような表面的な言及にとどまっているならば、それはそれで公平ではあると言える（学問的にはどうかと思うが）。しかし、彼らがバイオマスについて論じている箇所は、それなりに掘り下げた議論を展開している。たとえば、重金属汚染の可能性を論じた以下の記述である。

★（略）たい肥や液肥、コンポストを含めた有機性廃棄物に含まれる重金属の土壌蓄積の問題にも注意が必要である。化学肥料やたい肥などに含まれるおもな重金属には、カドミウム（Cd）、亜鉛（Zn）、銅（Cu）などがあるが、なかでもカドミウムは植物・動物ともに深刻な影響をおよぼす。（略）有機性廃棄物からのカドミウムの発生量は 22.7 トンであり、うち畜産系 15.0 トン、農業系 2.0 トン、汚泥類 4.0 トン、生ごみ 1.3 トンとなっている。これらから、有機性廃棄物のたい肥や液肥での利用は資源循環のうえでも有望であるが、その利用にあたっては、重金属汚染も考慮するべきであることが指摘できる。★[54)]

　　上記のカドミウムの発生量は、年間の数値である[55)]。このように、IR3S 関係者はバイオマスの重金属汚染について、（対策には言及しないものの）汚染元素の種類とその発生量を具体的に示して論じている。しかし、原子力についてはこの程度の議論すらない。彼らは、なぜ原子力の議論を避けてきたのだろうか。筆者には不可解である。

　IR3S 関係者の原子力に対する姿勢が不可解なのは 3.11 以前だけではない。3.11 以後もである。IR3S の広報誌『サステナ』で、小貫元治は次のように述べる。

★（略）我々は水俣病問題から「未知のリスクが懸念されるときは、安全側に立って予防的に対応しておくのが望ましい（予防原則）」ということを学んだのだということになっている。（略）しかし、福島原発事故後におきたことや、その後形成された言説空間を振り返ってみると、結局我々が水俣病から学べたのは、これまでに起こした過ちと

全く同じ過ちは繰り返さない（それができるだけでも、できないよりは遥かにましではあるが）、ということだけだったのではないかと思えてくる。★ 56)

　水俣病の公式確認がなされたのは、1956年5月1日である 57)。今から50年以上も前である。そして、今なお多くの人たちが救済を求めている 58)。水俣市の公園「エコパーク水俣」の地下には、かつて垂れ流された水銀を含む汚泥が今も埋められている 59)。そこは単に水銀を含む汚泥を集めて鋼板で囲っただけの場所であり、大きな地震で埋め立て地が液状化し、水銀を含む水が地表に噴き出すことを懸念する研究者もいる 59)。しかし『サステイナビリティ学①～⑤』では、水俣病から教訓を引き出してサステイナビリティ学に活かすという姿勢は見当たらない。それどころか、★かつての公害のような問題では、それは悲惨ではあったが、問題の構造自体は単純であった。有害物質を出した加害者がいて、そのために被害者が生まれたのである。これらの問題に対する解決策は明快で、有害物質を出さないことである★ 60) などという認識である。

　だが、福島原発事故が起こると、今度は「水俣病から学べ」である。そこには、なぜ『サステイナビリティ学①～⑤』の発行時点までに、原発との関連で水俣病から何も学ぼうとしなかったのか、についての考察が欠けている。

　植田和弘は、『サステナ』で原発の放射性廃棄物に言及している。

★ 2010年版の『エネルギー白書』で前提になっているのは、2004年に資源エネルギー庁が行ったコスト分析分科会の報告書です。それを読みますと、放射性廃棄物、バックエンドと呼ばれている処理問題はコストにカウントしてあります。しかし（略）そのときのバックエンドは、政府が想定しているいわゆる核燃料サイクルがうまく動くという前提で計算されています。実は核燃料サイクルは想定どおりには動いていません。動いていないのに、動くという前提でコストを計算していいのかという問題があると思います。★ 61)

放射性廃棄物の処理は、震災の有無にかかわらず、私たちが原発開始から常に直面している問題のはずである。それが、震災後ようやくIR3S関係者によって論じられるようになったことは、遅きに失すると言わざるをえない。

　『サステナ』30号(2013年)には、IR3S主催のエネルギー持続性フォーラム 第8回公開シンポジウム(2013年2月20日)の講演内容が収録されている。序文の一部を以下に紹介する。

★2011年の東日本大震災を機に、わが国のエネルギー政策は大きく見直されることになりました。
非化石燃料として期待の大きかった原子力利用が削減を余儀なくされるなか、われわれは引き続き地球の温暖化問題に配慮した低炭素社会の実現を目指さなくてはなりません。一方、社会活動に不可欠なエネルギーのあり方は、経済性やそれを利用する国内企業の競争力確保といった視点での評価も不可欠でありましょう。
一見相反するようにもみえる課題を克服しながら、これからわれわれは具体的にどのようなエネルギーのあり方を目指し、再生可能エネルギーなどの新たなエネルギーと火力を始めとする既存のエネルギーシステムを最適化していくのか。(略)
本シンポジウムでは、大学や行政等の分野で経験豊富な専門家と、地域で産官学の取組を進める実践者による講演とパネルディスカッションを通じ、これらの課題への提言を試みました。★[62]

　上記の文章を筆者流に解釈するとこうなる。「低炭素社会実現のため、原子力をどんどん利用しよう⇒ああっ、大震災だ!、もはや原子力には頼れない⇒ならば再生可能エネルギーにしよう」。震災前の原子力に対する自分たちの姿勢は、一体何が問題だったのか。そのような真摯な問いかけは、ここには存在しないようである。このような問題意識が欠如した状態で、はたしてサステイナビリティ学は、学問として成り立つのだろうか。
　マックス・ヴェーバーは、名著『職業としての学問』の中で、学問が我々にもたらしてくれるものとして、次の3つをあげている[63]。

（ⅰ）技術についての知識
（ⅱ）ものを考えるための方法、及びそのための道具と訓練
（ⅲ）明晰さ

　『サステイナビリティ学①～⑤』を読んでも、原子力に関しては（ⅰ）—（ⅲ）のいずれも満たされることがない。IR3S関係者が学問を目指すのならば、せめて原子力に対する明晰な考え方を示してほしいところだが、そもそも彼らは原子力の議論を避けているようなので、それも叶わない。しかし、低炭素社会の実現に的を絞っても、原子力発電が原理上は二酸化炭素をほとんど排出しないことになっているものの、実際に導入された国々で本当に低炭素が実現されているかについては、疑問視する意見がある。（本書の第1部でも紹介した）吉岡斉は、次のように述べる。

★地球温暖化対策として原発を拡大することについて、筆者は否定的である。その最大の理由は、1990年代以降の歴史的経験に照らして、原子力発電拡大と温室効果ガス排出削減に間には、正の相関関係ではなく、むしろ負の相関関係が認められるからである。つまり原子力発電拡大に熱心な国ほど、温室効果ガス排出削減の達成度が悪い傾向がある。（略）
　国立環境研究所温室効果ガスイベントリオフィスのウェブページには、2009年9月にとりまとめられた1990年から2007年までの世界主要国の排出量データが記載されている。そこには原子力発電拡大と温室効果ガス排出削減との「逆相関関係」が明瞭に認められる。（略）なぜこうした結果が生じているのか。それは、温室効果ガス排出量削減などの環境政策に不熱心な国において、原子力発電拡大促進政策がとられる傾向にある一方で、脱原発を目指すか原発に対して冷淡な国が、環境政策に熱心に取り組む傾向があるということである。うがった表現をすれば、環境政策に不熱心な国が、苦し紛れの机上の温室効果ガス排出削減手段として原発を挙げているようだ。★[64]

　IR3S関係者は、「逆相関関係」には言及しない。おそらく彼らは、「原発の低炭素性」を信じ切っているのだろう。そして、あの震災が

起こった。筆者は、IR3S が 3.11 後に方向転換したことを責めるつもりはない。あれほどの事故が起こっても方向転換しないのなら、その方がおかしい。だが、方向転換するならば、3.11 前の IR3S の考え方を正しく清算してからにしてほしい。そうしないと、学問としての信頼性が疑われる。

　今回、IR3S 関係者の著書と論文を読んで、筆者が思い浮かべた言葉、それは「断絶」である。IR3S 関係者の論考には、「局地的な公害問題」と地球規模環境問題、あるいは 3.11 前と後の間に断絶が存在するように見えるのだ。そのため、サステイナビリティ学も、筆者にとって疑問点の多い「学問」である。断絶ではなく連続性を確保することによって、学問はより大きな普遍性を獲得するのではないか。

引用文献
1）小宮山宏ら編『サステイナビリティ学①サステイナビリティ学の創生』（第 4 章「サステイナビリティ学とイノベーション」 執筆者は鎗目雅）p.97~98　東京大学出版会　2011 年
2）同上　p.2
3）同上　p.111~112
4）桜井弘編『元素 111 の新知識　第 2 版』p.225　講談社　2009 年
5）小宮山宏ら編『サステイナビリティ学①サステイナビリティ学の創生』（第 4 章「サステイナビリティ学とイノベーション」 執筆者は鎗目雅）p.100　東京大学出版会　2011 年
6）小宮山宏ら編『サステイナビリティ学①サステイナビリティ学の創生』（第 3 章「サステイナビリティ学と構造化 - 知識システムを構築する」執筆者は梶川裕矢・小宮山宏）p.81　東京大学出版会　2011 年
7）F.J.リスポリら著　小林良行訳・解説「鳥たちでさえも従うパレートの法則」『統計』Vol.66　No.5　p.75　2015 年
8）同上　p.76
9）初山高仁『鉄の科学史 - 科学と産業のあゆみ』p.59　東北大学出版会　2012 年
10）同上　p.107

11) 中澤護人『鉄のメルヘン　金属学をきずいた人々』p.236　アグネ　1975年
12) 初山高仁『鉄の科学史 - 科学と産業のあゆみ』p.192　東北大学出版会　2012年
13) 中澤護人『鉄のメルヘン　金属学をきずいた人々』p.237　アグネ　1975年
　同書のp.216～217とp.236によれば、このル・シャトリエの文章は『メタログラフィスト』1901年1月号の「相理論からみた鉄と鋼」から引用されたようである。
14) 初山高仁『鉄の科学史 - 科学と産業のあゆみ』p.70　東北大学出版会　2012年
15) 平櫛敬資「鉄鋼用耐火物技術の近代史」『耐火材料』No.157　p.4　2009年
16) 小宮山宏ら編『サステイナビリティ学①サステイナビリティ学の創生』(第5章「長期シナリオと持続型社会」　執筆者は増井利彦・武内和彦・花木啓祐) p.119　東京大学出版会　2011年
17) 同上　p.145
18) 同上　p.121
19) 同上　p.121~122
20) 同上　p.122~143
21) 小宮山宏ら編『サステイナビリティ学②気候変動と低炭素社会』(第6章「低炭素社会実現への道筋 - 日本のビジョンを示す」　執筆者は藤野純一) p.101　東京大学出版会　2010年
22) 同上　p.101
23) 同上　p.126
24) 同上　p.127
25) 朝日新聞「天声人語」2017年5月16日（火）日刊
26) 小宮山宏ら編『サステイナビリティ学②気候変動と低炭素社会』(第6章「低炭素社会実現への道筋 - 日本のビジョンを示す」　執筆者は藤野純一) p.128　東京大学出版会　2010年
27) 環境省『「水俣病問題に係る懇談会」提言書（平成18年9月19日）』p.19~21　2006年

28） 同上　p.22
29） 杉原幸子・渡辺勝正『決断・命のビザ』大正出版　1996 年
30） 環境省『「水俣病問題に係る懇談会」提言書(平成 18 年 9 月 19 日)』　p.1　2006 年
31） 小宮山宏ら編『サステイナビリティ学②気候変動と低炭素社会』(第 6 章「低炭素社会実現への道筋 - 日本のビジョンを示す」　執筆者は藤野純一)　p.127~128　東京大学出版会　2010 年
32） ハーマン・デイリー・枝廣淳子『「定常経済」は可能だ!』p.22　岩波書店　2014 年
33） 桐山桂一『内部告発が社会を変える』p.46　岩波書店　2008 年
34） 光前幸一「脅される内部告発者」　朝日新聞 2017 年 6 月 30 日（金）日刊　p.15
35） 小宮山宏ら編『サステイナビリティ学③資源利用と循環型社会』(第 3 章「資源循環型社会の経済学 - 資源をマーケティングする」　執筆者は細田衛士)　p.79　東京大学出版会　2010 年
36） 同上　p.81
37） 同上　p.83
38） 小宮山宏ら編『サステイナビリティ学④生態系と自然共生社会』(第 3 章「里地里山の生態系 - 生態系サービスを評価する」　執筆者は大黒俊成・武内和彦)　p.75~76　東京大学出版会　2010 年
39） 同上　p.77
40） 同上　p.80~81
41） 同上　p.104
42） 小宮山宏ら編『サステイナビリティ学①サステイナビリティ学の創生』(第 1 章「サステイナビリティ学と 21 世紀持続型社会の構築」　執筆者は武内和彦・小宮山宏)　p.26　東京大学出版会　2011 年 1 月 5 日
43） 小宮山宏ら編『サステイナビリティ学①サステイナビリティ学の創生』(第 5 章「長期シナリオと持続型社会」　執筆者は増井利彦・武内和彦・花木啓祐)　p.124　東京大学出版会　2011 年 1 月 5 日
44） 小宮山宏ら編『サステイナビリティ学②気候変動と低炭素社会』(第 3 章「気候変動問題をめぐる政治・経済・社会 - 持続可能な低炭素社会へ」　執筆者は植田和弘)　p.63~64　東京大学出版会　2010 年 9 月 10 日

45) 小宮山宏ら編『サステイナビリティ学②気候変動と低炭素社会』（第5章「低炭素社会実現への道筋 - 日本のビジョンを示す」　執筆者は藤野純一）p.100　東京大学出版会　2010年9月10日
46) 同上　p.109
47) 同上　p.110
48) 小宮山宏ら編『サステイナビリティ学②気候変動と低炭素社会』（第6章「低炭素都市づくり - 新たな都市計画の構築」　執筆者は小澤一郎）　p.147　東京大学出版会　2010年9月10日
49) 小宮山宏ら編『サステイナビリティ学③資源利用と循環型社会』（第2章「循環型社会のデザイン - 新しいビジョンを提示する」　執筆者は小宮山宏）p.34~35　東京大学出版会　2010年11月1日
50) 同上　p.41
51) 小宮山宏ら編『サステイナビリティ学⑤持続可能なアジアの展望』（第1章「成長するアジアのエネルギー・環境 - 持続的発展は可能か」　執筆者は山地憲治・小宮山涼一）p.20　東京大学出版会　2011年3月10日
52) 同上　p.53
53) 小宮山宏ら編『サステイナビリティ学①サステイナビリティ学の創生』（第5章「長期シナリオと持続型社会」　執筆者は増井利彦・武内和彦・花木啓祐）p.121　東京大学出版会　2011年1月5日
54) 小宮山宏ら編『サステイナビリティ学③資源利用と循環型社会』（第6章「都市・農村間の資源循環 - バイオマス循環を考える」　執筆者は花木啓祐・松田浩敬）p.164　東京大学出版会　2010年11月1日
55) 同上　p.163
56) 小貫元治「巻頭エッセイ　福島原発事故によせて - 水俣病問題から学ぶこと」『サステナ』No.23　p.2~3　東京大学サステイナビリティ学連携研究機構　2012年2月27日
57) 高峰武『水俣病を知っていますか』p.2　岩波書店　2016年
58) 同上　p.5
59) 朝日新聞「水銀埋め立て地　管理は」2017年8月17日（木）日刊　p.27
60) 小宮山宏ら編『サステイナビリティ学①サステイナビリティ学の創生』（第3章「サステイナビリティ学と構造化 - 知識システムを構築する」　執筆者は梶川裕矢・小宮山宏）p.81　東京大学出版会　2011年1月5日

61）植田和弘「震災復興とエネルギー政策」『サステナ』No.20　p.48
　　東京大学サステイナビリティ学連携研究機構　2011年8月31日
62）「震災後のエネルギー・低炭素社会の新展望」『サステナ』No.30　p.2
　　東京大学サステイナビリティ学連携研究機構　2013年7月1日
63）マックス・ヴェーバー著　中山元訳『職業としての政治／職業としての学問』p.227~228　日経BP社　2009年
64）吉岡斉『原発と日本の未来-原子力は温暖化対策の切り札か』p.55~57　岩波書店　2011年2月8日

あとがき

　本書は、主にエントロピー学会関係者（エントロピー論者）と「サステイナビリティ学連携研究機構」関係者（IR3S 関係者）の著作や論文を読んで、私のコメント、疑問、アイディア等をまとめたものである。

　この中で、疑問がかなりの割合を占めたように思う。私のささやかな科学技術の知識と経験に基づいた論考なので、理解力不足による疑問も多々あるだろう。エントロピー論者に関しては、現実理解へのエントロピーの適用がどこまで正しいのか、エントロピーを具体的にどのように持続可能社会実現と結びつけるのか、そもそもそのようなアプローチは可能なのか、などが疑問だった。

　一方、IR3S 関係者に関しては、全体像の俯瞰、知識・行動の構造化、あるいはバックキャスティングなどが強調されるが、これらも具体的な活動の中でどう実践されるのかが示されないと、なかなか理解しがたい。また、3.11 前と後の断絶も気になった。

　引き続き持続可能社会に関する論文等を読んで理解力を向上させ、「持続可能社会はいかにして可能か」への答えに少しでも近づくことを目指したい。

　この本は、長野県上田市の上田情報ライブラリーと上田図書館倶楽部の共催による平成 26 年度執筆編集講座で、まえがき、第 1 部第 1 章、第 2 章が作成された。講座終了後に、残りの章を書き上げた。

　原稿作成を懇切丁寧に指導していただいた講師の酒井春人先生、原稿の編集を大いに助けていただいた上田図書館倶楽部スタッフの皆さんに深く感謝します。酒井さんには、この本の出版編集も引き受けていただきました。この場をお借りして心から御礼申し上げます。

　2018 年 1 月

井 出 秀 夫

著者紹介

井出秀夫（いで・ひでお）

1973年4月　　九州大学入学
1979年3月　　九州大学大学院化学機械工学専攻修士課程修了
1979年4月　　製鉄会社に入社
　　　　　　　在籍中は、耐火物、セラミックス、スラグ等の研究開発に従事
2010年1月　　製鉄会社を退社
現在、持続可能社会について調査・思索中

持続可能社会への試論

2018年2月3日発行

著者　　井 出 秀 夫
発行　　有限会社 龍鳳書房
　　　　〒381-2243 長野市稲里1-5-1　北沢ビル
　　　　TEL026(285)9701　FAX026(285)9703
　　　　Email:info@ryuhoshobo.co.jp
印刷　　有限会社太河舎

©2018　H.ide　Printed in Japan　ISBN978-4-947697-59-2 C0036

RYUHO SHOBO